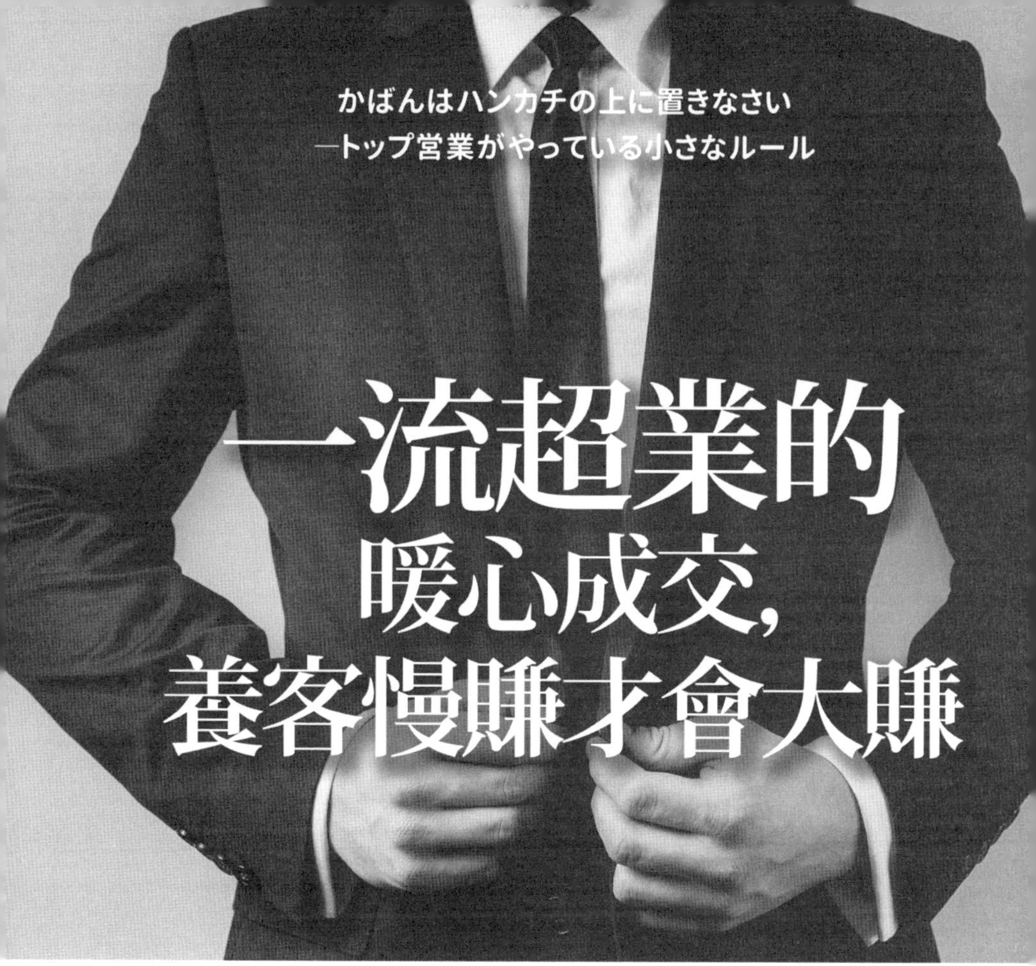

かばんはハンカチの上に置きなさい
—トップ営業がやっている小さなルール

一流超業的暖心成交，養客慢賺才會大賺

日本超業中的超業 川田 修——著 陳玉華——譯

※本書原名《細節——超業與你的 0.01 公分差距》，現易名為《一流超業的暖心成交，養客慢賺才會大賺》

前言

我平常既不看報也不讀書，記事本非常薄，上面沒寫幾個字。像我這樣，怎麼能夠成為超級業務員呢？

每當說到工作能力強的人會閱讀的書時，各位會聯想到什麼樣的內容呢？

「利用記事本進行自我管理」？

「每天早上做 TO DO LIST—待辦事項清單」？

還是「寄卡片給每天拜訪的客戶」？

老實說，難道大家都不曾懷疑過，那些強人真的都能做到那種程度嗎？

面面俱到地做好準備工作，這確實是很了不起。

但很可惜的是，我個人是做不到的。

雖然做不到，但我還是能夠創下驚人紀錄，是日本保德信人壽史上最短時間內達到超級業務員，並成為首席壽險顧問的第一人。而我也因此接受公司對 TOP SALES（超級業務員）的表揚。附帶一提，目前在全日本，總共只有兩千名左右的超級業務員而已。

像我這麼怕麻煩的人，也能成為TOP SALES。

一般人都認為，想成為優秀的業務員，有一些事是「一定得做的」。但事實上，那些事不見得都是必要的。

舉例來說，看報或讀書就是一種非必要的事，因為還有比這更重要的事等著你去做。但如果你是抱持愉快的心情做這件事，那就另當別論。不過，以實際狀況來說，確實是有許多人為了要做這件事，而錯過了真正重要的事。

還有比蒐集資訊或埋首苦讀更重要的事。

「希望你來跟我們談談，怎麼樣才能成為業績出色的業務員。」

這幾年來，邀我參加「業務員讀書會」的人越來越多。因此，我想開始慢慢寫一些文章，將我在讀書會或演講時發表的內容寫出來。

每當我在讀書會演講結束後，都會請與會者發問，這時候，有一些問題是每次都會被問到的。

「你平常都看什麼樣的書呢？」

「你都看什麼報紙呢？每天看幾份報紙？」

「你都是用什麼樣的記事本手冊來管理行程呢？」

而每一次，我心裡的想法都是：「傷腦筋耶，如果據實回答，今天的讀書會不就會失去可信度了嗎？……」

與其看報紙，不如看一部好電影吧！有助於成為業務高手的真心具體建議。

老實說，我一年大約只看三本書。

不是一個月，而是一年。

而且，那三本書都不是商業類的書籍。

我家是訂朝日新聞報，但只有內人很認真在看。內人以前也是業務員，現在是兩個小孩的母親。我自己只喜歡看報紙上的電視節目表，但因為後來從電視上就可以看到節目表，所以我也沒有再碰報紙了。

我的情報來源主要是電視。

早上看ＴＢＳ由 Monta Mino（譯註：日本演藝圈的主持人，本名為御法川法男）主持的「早晨公車」或富士電視台的「特別專題」，晚上看朝日電視台的「報導站」或東京電視台的「WBS（World Business Satellite）」。不過，我不會完全相信時事評論者的評論及解說，反而是會抱持著懷疑的心態去看。

在從事業務員的工作上，我認為**看一部好電影或戲劇，比看報紙或商業書籍更有幫助**。

至於記事本，我是選用很普通的手寫式記事本，而且是很薄的。有時候，還會因為自己寫的字太潦草，而向身邊的人確認「你覺得我這個是在寫什麼？」。

手機，我也是比較重視輕巧，款式非常普通，並沒有使用像 **iPhone** 這種有 **E-mail** 及行事曆等豐富功能的智慧手機。

不看報也不讀書，記事本也非常陽春，而且還只看電視。可能有很多人都會在心裡想：「這樣的傢伙根本糟透了。」不過，反過來看，應該也有一些人會想：「這樣的傢伙到底是靠什麼方法在外商的壽險公司中成為超級業務員的呢？」而對我產生一些興趣吧。

我目前還是在外商的保險公司裡擔任業務員。雖然負責的業務和以前不同，但和我在前一項工作中一樣，是個TOP SALES。

在目前的保德信人壽裡，只要是所有營業員裡的年度冠軍，就可以獲得「總裁獎盃」（通稱「PT」）。而在約兩千名業務員中，只有贏得最佳業績的人才能獲頒這個獎項。

而我在進入公司第5年的時候，就已經贏得了這個獎項。

沒錯，就如同照片，我的長相非常普通（經常有人說我不像在外商公司上班的人），不看報也不讀書，更不會使用記事本和智慧手機。

這種人為什麼也能成為TOP SALES呢？

為了解開大家的疑問，同時也為了提供一些能夠立即改善業績的觀念給各位，我就將我所有跑業務的秘訣集結在這一本書裡，而這也是我第一次寫這類的書籍。

我希望能夠盡量具體地將我過去跑業務時所意識到的事，以及如何將這些想法運用在實際場合的方法全部寫出來。

另外，不只是成功的故事，在成功之前遭遇的失敗故事，以及所有可能在業務工作上遇到的煩惱與其克服方法等，我都會毫無保留地全部寫出來。

我不提出難以實行的方法，而要提出任何人都可以從明天，甚至是今天開始就能夠加以模仿的方法。

我希望傳授給大家的是「不起眼的」常識，但也是因為擁有這些小常識，才能讓我成為一個客戶眼中特別的業務員，並因此獲得客戶信賴，最後還成為足以自傲的超級業務員。

相信各位在讀完這本書後，一定可以瞭解「業務」這項工作的深奧與有趣之處，同時也能體會到與人們接觸的喜悅。

在此誠摯希望本書能為各位的工作及人生帶來一點啟發。

川田修

目次

第1章 站在對方的立場，做點稍微不同的事

第2章 從「有點不一樣」開始注意到的重要之事

第3章 業務員是弱者——要承認自己的懦弱

第4章 我也是從新人做起的。在業務工作上，就是要從頭學起

第5章 所謂業務，是一種和客戶共同編織故事的工作

第1章

站在對方的立場，做點稍微不同的事

如前言所述，我不會將精力花在閱讀許多報章書籍上，我並不屬於那種「能幹的業務員」。

因此，我不會做困難的事，也不會做超出我能力範圍以外的事，但是，我立志要和別人不一樣，我要做一點和別人不同的事。

而且，不光是做而已，我還要徹底執行。

貫徹「和別人有點不一樣的事」，這讓我會漸漸和別人產生差距，而就在不斷累積些微的差距後，造就了今天的我。

不過，我認為特立獨行不是唯一的重點，能夠持之以恆才是最重要的。

接下來，我將具體介紹在業務生涯中，我都做了哪些事。

穿鞋進客戶家的業務員

有人因為工作的關係必須到客戶家裡嗎？

或者是到需要脫鞋的辦公室或店家拜訪呢？

以業務員來說，這樣的機會應該很多吧？

因此，我要在此傳授一個秘訣，讓客戶不僅會對你發出「喔～」的讚嘆聲，還會對你「另眼相看」。

由於工作關係到客戶家拜訪時，你會提著公事包嗎？

我自己幾乎都會帶著公事包。

「打擾了。」（要確實問候，這是業務員的基本禮貌！）

「請進請進。」

在玄關脫鞋後，跟著主人走進客廳或會客室，

要切記，這個地方已經屬於「家中」的範圍了。

「請坐。」坐到主人指示的位置上，

然後將公事包放在自己的腳邊……。
關鍵就在於這個公事包。

知道這是為什麼嗎？
請先想一想你腳邊的那個公事包，
將時光倒轉回去想想看。
在來到這裡之前，你把公事包放在什麼地方呢？

在戶外打手機時，是不是將公事包放在「地上」？
搭電車或在咖啡廳時，是不是放在腳邊？偶爾是不是還會放在廁所的地板上？

那些都是平常會穿著鞋走來走去的場所吧。
想到了嗎？沒錯！**公事包的底部就跟你的鞋底一樣！**

將四處「走動」的公事包隨手放在客戶地上，這就等於是**穿著鞋走進客戶家裡**。

進到客戶家，在地上鋪好白色手帕，再將公事包放在手帕上。

如果有那樣的業務員到你家，你會作何感想呢？

我隨時會準備一條白色手帕放在公事包裡。

在玄關時，我先將手帕拿出來，就座後，就將手帕鋪在自己的座位旁邊，再將公事包放在手帕上。

將公事包放在白色的手帕上。

「不用這麼客氣啦！」

幾乎所有的客戶都會這麼說。

而這句話也就意味著：

「以前來訪的業務員從沒有這樣做過。」

以前曾有一對夫妻主動要求跟我簽約，他們當時就是說：

「你第一次到我們家來拜訪時，不是在公事包下面鋪了一條白手帕嗎。當時我心裡就想：『我要成為川田先生的客戶！』。」

事實上，我已經聽很多客戶這樣說了。

我猜想，或許在拜訪結束後，客戶之間會這樣討論：

「沒想到他會這麼注意細節。」

「對啊，這個人應該可以信賴吧。」

怎麼樣？一點點小小的用心，不僅能讓客戶感到備受尊重，自己也會被視為「與眾不同」的業務員。真是一舉兩得，皆大歡喜。

但是，這裡有一個但書！

如果你想明天立即採取行動，請先記住我這個忠告。

「這個人竟然把擦手擦臉的手帕拿來鋪在公事包下面！」如果客戶產生這樣的懷疑，就會將你視為一個邋遢的人。因此，在談話的過程中，最好自然地拿出口袋裡的手帕來擦個臉，讓客戶知道那條手帕是「另外準備的」。

說實話，上面這是我自己從失敗中學到的教訓，雖然丟臉，還是提出來供大家參考。

我們不是「客人」

我個人到客戶家拜訪時，還會做另外一個動作。

到客戶家結束拜訪要離開時，我都會使用鞋拔穿鞋。

即便是到需要脫鞋的辦公室拜訪，也是會這樣做。

「這是業務員，甚至可以說是所有的社會人都應遵守的基本禮儀啊！」

或許有人會這樣說，而事實也確實如此。

但是，以我個人來說，**我不會使用客戶準備的鞋拔**。

我會用我自備的鞋拔。因此，我西裝的右側口袋裡，隨時都放著一支攜帶式鞋拔。

為什麼要這麼做呢？理由很簡單。

只有前往別人家作客的「客人」才會使用主人家的鞋拔。

我雖然是拜訪者，但我並不是「客人」。

因此，我會盡量避免使用客戶準備的東西。

其實，上述這些體面的理由都是後來才增加的，原先我只是單純地想要扮演一個「一絲不苟的人」而已。

將公事包放在手帕下面，

準備離開時，如果客戶拿出鞋拔給我使用，我就說：

「不麻煩了。」

然後從自己的口袋裡拿出自備的鞋拔，

「迅速！確實！」穿好鞋子離開。

這樣不是很帥嗎？

如果有這樣的業務員到我家來，我一定會感動到想要告訴別人。

不對，不是如果，而是確實有這樣的業務員來找過我。

那要追溯到14年前，也就是我28歲的時候。當時的我尚未進入保德信人壽，而且非常討厭壽險，但就在那一年，我向保德信人壽的業務員買了保險。

利用鞋拔抓住客戶的心

「原來我只是個不成熟的業務員啊……。」

「他」走出我家時，看著他的背影，我不禁在心裡這樣默唸著。直到現在，當時的情景還是鮮明地留在我的記憶裡。

這是發生在我28歲那一年的事。當時我在RECRUIT集團（類似人力銀行公司），已經是個業績相當不錯的業務員，因此，和「他」會面這件事著實對我造成很大的衝擊。

「他」就是壽險業務員阪本先生，內人以前的上司。在我和內人的新婚期間，他首次來到我家。換句話說，他以前也和我一樣，是RECRUIT集團的業務員。

阪本先生很早就跳槽至保德信人壽，而內人在單身時，就已經是他的客戶了。當時的我非常討厭壽險，認為「壽險就是拿人命去換錢的東西」，所以根本就不聽任何有關壽險的事。但在結婚後，內人不斷對我提起保險的事，我才在萬般不願意的心情下，和阪本先生見了面。

面對對壽險毫無興趣的我，阪本先生深知要如何巧妙地引起我的興趣。他沒有採取直接對商品進行完美說明的方法，而是告訴我一個和保險有關的小故事，非常自然地引起我的興趣。

在第一次見面時，完全不談商品的事，只談了一些壽險的功能和必要性。這讓我產生很深的反省，瞭解我過去不應該在一無所知的狀況下就沒來由的討厭保險。阪本先生讓我瞭解到，壽險表現出的是一種人與人之間相互關心的感情。

在第二次邀請阪本先生到我家時，才初次聽到他對商品進行具體的說明。

對於當初的談話內容，我已經不記得了。因為在阪本先生的說明中，**並沒有用到任何「灌迷湯」之類的句子，他只是平淡地說明而已。**

不論在哪一個專業領域，一流的人才都不會出現多餘的行為，看起來總是非常俐落。他的言行也是一樣。充滿自信、聲音具有豐富的抑揚頓挫，還有安靜地打開公事包的手法等，一切都是那麼專業。

談話結束，準備離開時，阪本先生在玄關說了一句：「那麼，我先告辭了。」這時候，我遞出家裡的鞋拔給他。

但在這時候，阪本先生卻說：「不麻煩了。」接著就從自己的西裝口袋裡拿出一個小鞋拔。**他用那個小鞋拔三兩下就穿好了鞋子，然後精神抖擻地走了出去。**

這時候，我感覺我是遇到真正的「業務高手」了。**光是那一個動作，就讓我感受到了一流業務員特有的光環。**

「保險的內容及認同感沒那麼重要，我就是想向你買保險。」

雖然嘴上沒有說出來，但我心裡完全充滿了這種想法。即便自己在 RECRUIT 集團已經是一個業績很好的業務員了，還是不免為他所折服。

說到這件事，記得我以前在拜訪客戶要離開時，有時會將食指伸入鞋跟，有時甚至更過份，會用鞋尖敲敲地面。現在回想起當初那個模樣，就覺得汗顏。

況且當時皮鞋的邊都已經變軟了，還有皺折。這一切，真是只能用天壤之別來比喻了！當初我從未想過自己的那些動作在客戶眼中是什麼感覺，光是這一點，就讓自己像是個初出茅廬的業務員一樣。

到了隔天早上，我又發現一件出人意料的事。

在我準備出門上班時，我檢查了信箱，意外發現裡面有一張阪本先生親手寫的卡片。這似乎是他在昨天要離開時，直接投進信箱裡的。

「感謝您今天抽空聽我介紹產品。我雖然還很年輕，但今後就讓我們一同成長吧！」

卡片上的內容大約是這樣的。但恕我很不禮貌地說，卡片上的字非常醜。

不過，正因為我已經被他的業務員靈魂折服了，因此我甚至主動地替他解釋，心想一定是因為他隨地就在玄關旁邊找個地方努力書寫，而那個地方實在是很難寫字，才會導致字變得這麼醜。後來，他再度來訪，而我也很樂意地購買了有生以來第一次的壽險。

冷靜思考後，會發現隨身攜帶小鞋拔及內容簡明的卡片等，都是一些不起眼的小事。

但是，大部分的人根本就不會隨身攜帶鞋拔，而是向拜訪處的主人借用。卡片（光是有寫就很了不起了）也都是在回公司之後才寫，或者是在隔天寫好寄出。

僅僅是做一些「稍微不同的事」，就可以給對方帶來很大的感動。

我深深體會到，「一流的業務員真的是要很瞭解如何掌握對方的心啊！」

最後，阪本先生完全掌握住我的心，使得我不僅加入了保險，還在兩年後，由於他的一句話「讓我們共同攜手來改變這個業界吧！」而換了工作。

我會在西裝口袋裡放鞋拔，就是在學習14年前掌握我的心的阪本先生。

最後要再告訴大家一件事，從我開始和阪本先生在同一個職場工作後，我才知道原來他的那些很醜的字也是他的「實力」。

首先要思考「如果是一般的業務員，會怎麼做？」

完全佣金制（Full commission）的薪水體制職業，比較接近以個人身份為主的個人事業，而不是靠公司名片推展業務的工作。

我以前的工作就像是背著公司的招牌到處工作，但現在我必須要擦亮「川田修」這個商標才行。因為我不只要販售壽險這項商品，還**必須讓客戶產生「我想向川田購買商品」的想法**。

從另一方面來看，客戶也會將各家公司的眾多業務員放在幾個篩子上，每天對各家的商品內容、價格、商品、服務等進行嚴格的篩選。

那麼，到底要怎麼做才能通過層層的篩選呢？

在這段過程中，我除了學習商品知識及介紹商品的方法等基本技能外，也會持續思考一些事。

「要怎麼做才能讓自己在客戶心中留下深刻的印象呢？」

想要達成這種目的，只能稍微超越身旁較普通的業務員，讓客戶覺得「這個業務員好像有點不一樣」而產生興趣，或者讓客戶產生某種感動。基於這樣的觀念，我**決定首先要做的一件事就是經常問自己：「如果是一般的業務員，他們會怎麼做？」並找出答案**。

與客戶有約時，縱使只遲到2分鐘，也要打電話通知

舉例來說，因工作關係與客戶約好時間，但自己可抵達的時間將會比約定時間晚一點點（例如2分鐘），在這種時候，你會怎麼做呢？

現在科技非常發達，已經可以從手機網路查詢相關資料，掌握到在某時刻發車的電車會在什麼時刻到站。因此，可以在誤差僅1、2分鐘的範圍內，確實推算可抵達拜訪處的時間。

剛進保德信人壽時，我也曾遇過那些狀況，當時我就在自己的心裡模擬了幾種作戰方法。

①比約定時間遲到2分鐘，但並不特別另外說明的業務員。

②比約定時間遲到2分鐘，為此說「很抱歉，我遲到了」的業務員。

各位是屬於哪一種類型呢？

選擇①的人應該出乎意料地多吧。

而且，這些人的心裡一定是覺得「不過是2分鐘而已」。

老實說，我自己也是這麼想。

但是，正因為會這麼想，才可以從這裡製造不一樣的表現。

那麼，選②的人又是如何想的呢？

我似乎聽到了有人回答「遲到2分鐘是很平常的事吧」。

沒錯，我也認為2分鐘是很平常的範圍。

那麼，在這種狀況下，什麼樣的處理方式才是超越一般作法，「可以讓客戶對自己留下深刻印象」的處理方式呢？

我自己一直都是這麼做的。

當知道會遲到時，就立即打電話給對方說：「非常對不起，我會遲到2分鐘。」而當確實遲到2分鐘時，要在現場再度鄭重道歉。

如果是和公司負責人等有約，通常會是負責行政事務的女職員來接電話，這時候就要說：「今天3點，我和〇〇先生有約，但很抱歉，我會遲到2分鐘。可以麻煩您替我轉告〇〇先生嗎？」

這時候的重點在於不可以使用「我會遲到一會兒」這種模糊不清的說法，而是要清楚地說出「2分鐘」。

冷靜思考一下，這似乎也是理所當然的作法。

但是，每當我打這種電話時，經常會聽到「什麼？」的回答。

我想對方可能是覺得「不過是2分鐘，根本不需要特地打電話……。」吧。

而那句話的另外一個意思就是，「會為了2分鐘特地打電話告知的，大概就只有你了。」

而在掛斷電話後，對方可能就會出現，

「○○先生，保德信人壽的川田先生打電話來說會遲到2分鐘，這個人做事真是十分謹慎耶。」這類的談話吧。

如果是老闆，或許還會覺得，

「真希望我們公司的業務員在面對客戶時，也會採取這樣的應對方式。」

其實這樣的做法稱不上什麼特別的費心，只是因為客戶已經特別撥出時間給我們，就禮貌來說，本來就是應當做的事。

但是，**確實做好這理所當然的事，卻經常能意外地獲得高度評價，也是不爭的事實。**

不過，最好的做法還是「絕對不遲到」，切記不要因為上述的內容就模糊了焦點。

「最謙卑的」鞠躬行禮才是最強的武器

利用「理所當然的事」來製造差距的例子，除了上述的那一件外，還有其他類似的例子。

「今天非常謝謝您。」說完這句話後鞠躬離開。

這也是業務員經常發生的情景。

但是，各位對於鞠躬這個動作有多少的堅持呢？

有些人會在輕輕點頭之後就離開；有些人會邊走邊行禮，結果就出現斜著身體向人鞠躬的模樣；有些人則是立正站好後，深深地一鞠躬，並以穩重的聲音說：「今天非常謝謝您！」

我對鞠躬行禮這件事有我特別的堅持，甚至可以說是特別的觀念。

要和對方道別時，我會先說：「今天非常謝謝您！」然後面向對方，以接近90度的角度深深地一鞠躬，而且行禮的時間一定會比對方還要長。如此一來，當對方抬起頭來時，就會看到我還在行禮，這樣就可以讓對方留下更為鮮明的印象。

總之，必須正面對著客戶，而且鞠躬必須又深又長。

只是點頭般的行禮等，這只能用「豈有此理」來形容。

就時間來說，**或許只是短短的2、3秒的差距**，但我一直深信**那樣的細微差距是很重要的**，而且我後來還遇到一個人，就足以證明我的這種想法是正確的。

有一位在媒體界非常活躍的名女人，**她是我有生以來第一次在鞠躬時間上打敗我的人。**

那位女士擁有美膚師的頭銜，在許多女性的心中，宛如一位女性領袖。

透過某一位稅務師的介紹，我終於有機會和那位女士見面。初次見面時，我們互相問候，並交換了名片。暢談一小段時間後，我表示要先離開了。接下來，我就像往常一樣，深深地一鞠躬，並說：「非常謝謝您。」

過了一會兒後，我抬起頭來，卻發現那位身材嬌小的女士還維持著90度鞠躬的姿勢。當時我真的是非常驚訝，並慌張地再一次低下頭。

「我輸了……原來自己還不夠好啊。」

雖然鞠躬行禮不是靠時間長短來決勝負，但在這樣的近距離之下看那位女士迷人的鞠躬姿態，還是深感自己尚有改進的空間。幾天後，我前往拜訪，那位女士的經紀人問我對那位女士的第一印象如何，而我也坦白地這麼回答：

「最叫我驚訝的是〇〇女士的鞠躬方式。老實說，我平常會提醒自己，在鞠躬時，不可以比對方先抬頭，身體也不可以比對方高，但我還是比不上〇〇女士的鞠躬方式。她當時的模樣，讓我非常感動。」

她在電視、雜誌等媒體上如此活躍，但縱使是面對我這樣的一介業務員，還是在初次會面時鄭重地彎腰行禮，這讓我由衷感動。

結果，經紀人就對我說：「川田先生，沒想到你竟然會注意到這種細節。」據說大多數的人都會說些「〇〇女士讓我產生了鬥志」或者「她的皮膚真好」之類，會讓人聯想到電視或雜誌評論的感想。

「其實她本人非常注重鞠躬的方式，甚至還說『我都是靠著這種鞠躬方式，才能有今天的成績。』」經紀人這麼說。

那位女士印證了我的想法。亦即只要貫徹一般人視為理所當然的「鞠躬行禮」，就可以獲得如此了不起的成就。

幾天後，由於那位女士的店遷移到銀座，所以我就帶著內人與助理去參加正式開幕前的試賣會。由於那位女士真的非常優秀，所以我希望內人與助理都能一睹她的風采。當天，那位女士也送給我一本她的最新著作。

回家後，我立刻閱讀那本書，而最叫人意外的是，那本書裡面竟然提到了我。

「有一次，我和一位在某家外商保險公司工作的超級業務員見面，他在看到我鞠躬的方式後，感到非常驚訝。他說：『我長年從事業務工作，你是第一位身體彎得比我低，而且比我還要晚抬起頭來的人。』據說那位業務員的一貫作法就是身體一定要彎得比客戶還要低，而且頭一定要比客戶晚抬起來。雖說是外商保險公司，但正因為擁有日本人天生的敏感度與重禮節的態度，才能使他到達超級業務員的成績吧。」

佐伯千津著《有求必應》（講談社）

看到這段內容時，我真的非常開心，同時又再度對她感到佩服。

對於人生上的前輩，這樣的說法可能有點失禮，但我真的是有「物以類聚」的感覺。

我對她的鞠躬方式感到驚訝，並坦率說出我的想法，而她也跟我有相同的感覺。據說

她之所以會跟我產生共鳴，正是因為她本身也認為鞠躬行禮是最重要的一件事。

人就是這樣，一定會遇到與自己擁有相同價值觀的人。

特別是業務工作，更容易擁有這方面的機會。

能認識這位女士，是我在業務工作上的一大轉捩點。

剛踏入社會時，我一度覺得「維持90度的鞠躬那麼久，看起來很蠢。」

小時候，我經常到我父親的公司去。我父親經營一家小工廠，員工大約只有十名，工廠也不豪華。父親對於在那裡出入的客戶，總是會深深地鞠躬。每當看見父親的那種模樣，我就會孩子氣地想：「真醜！」「為什麼頭都一直不抬起來呢？」最後甚至會產生嫌棄父親的心情。

但是，就是多虧了那些被我鄙視的鞠躬，我才能夠在不景氣的狀況下，還能由家裡供我讀大學，給我生活費，最後還順利踏入社會，一直到現在。

到了今天，我已經能夠瞭解那種「最謙卑的鞠躬方式」的意義了。

現在，我除了很感謝總是走在前頭帶領我的父親，同時我也希望能夠將這種「最謙卑的鞠躬方式」繼續傳給我兒子。

如果各位還是無法想像我所說的鞠躬姿勢，就假設一個我們常見的情景好了。那就是我們走進電梯，而客戶在電梯外目送我們離開的情景。

當按下「關」的按鍵後，就要說「非常謝謝您」並鞠躬，在電梯門完全關上之前，不可以將頭抬起來，要一直維持深深鞠躬的姿勢直到門完全關起。就是那樣的感覺。

其實這種做法**會在各人的體內產生不同的變化**，故請務必要試一次看看。

深深地鞠躬，感覺如同等待電梯門關上，要做到那樣的程度。

穿西裝是為了工作，還是為了約會？

前幾天，某雜誌做了一個業務員特集。

平常我很少看雜誌（我很少看俗稱技巧類的書籍，因為那些技巧我都學不來），但為了寫這本書，所以就買來看了一下。

特集裡面有2頁的篇幅都是在談論有關業務員服裝的問題。

由於其中的觀念和我非常接近，讓我不禁鬆了一口氣。

「川田先生，你的樣子完全看不出來是外商公司的員工耶。」

大多數第一次見到我的人都會這麼說。

那麼，外商公司的業務員到底應該長得什麼模樣呢？

時髦的國外名牌貼身西裝，華麗的領帶搭配彩色或粗條紋的襯衫，是ABC或有留學經驗，英文很流利，每週到健身房3次，臉曬成精悍的小麥色，有六塊腹肌，興趣是玩帆船或開進口高級轎車在市中心兜風，一個禮拜有三、四天會在東京的高級法式料理餐廳或預約制私人酒吧裡接待客人。

其他地方我不清楚，但至少在我的公司裡沒有那種人。我猜啦……。

我的西裝都是深藍色或者灰色的，襯衫只有白色的。

我目前的固定打扮是在換到現在的公司後才開始的，而且也是起因於一個小事件。

在某一次的公司內部早晨會議中，有位前輩提到，曾經有家公司的社長這樣對他說，並以此展開話題。

「我最討厭外商保險公司的人！」

據說那位社長表示：「以前曾經有一個穿著國外名牌西裝和華麗襯衫的傢伙，開著進口轎車來到我們業務單位，而且還表現出一副『我賺很多錢』的樣子。」這是在我進公司後三個月左右的事。

而那位社長還繼續憤怒地對我的前輩說：「就算萬一我發生了什麼不幸，也不希望由那種人來幫自己處理保險的事！」

這位前輩平常都固定穿著深藍色的西裝，也很少穿有顏色的襯衫。接下來，前輩又繼續發表這樣的意見。

「這位社長所遇到的業務員確實是一個極端的例子，但我覺得他的話中含有一項道理。那就是**處理與人類生命有關的金融商品的專業人士，有必要以服裝來主張自己的個性嗎？**

請試著想想那些真正專注於自己工作，或者已經站在某個領域頂點的人，例如日本經濟團體聯合會（Federation of Economic Organizations，日本於1946年設立的組織，由各大上市企業董事長所組成。）的成員，每次看到他們，每個人都是穿著深藍色或灰色西裝搭配白色襯衫。所以如果想要將那些人變成自己的客戶，最好還是『入境隨俗』。因此，我們也都應該穿著深藍色或灰色西裝搭配白色襯衫，皮鞋也穿最基本的黑色。」

就跟大聲、口齒清晰地打招呼，一絲不苟地鞠躬行禮一樣，**工作上的服裝不應該以自己的喜好為主，要完全以客戶為思考中心。從服裝本身可以表現出自己對客戶的尊重。**

對當時的我來說，前輩的那番話聽起來就是這樣的意思。

當時我的西裝大約有10套，而且都是從前一個工作時期留下來的咖啡色或愛爾蘭格紋的西裝。當時我對服裝並沒有特別注重，只是單純地選擇自己喜歡的款式而已。

由於前輩的一番話，我忽然醒悟，同時也在當天，我將所有的西裝與有顏色的襯衫，以及咖啡色的皮鞋全部處理掉了。

然後，我另外去買了三套深藍色與灰色的夏季西裝，以及幾件白色襯衫與黑色皮鞋。我後來想起電視上曾經說過，一般人認為咖啡色是「不景氣的顏色」，如果遇到一些在意這種說法的中高年經營者，就會遭人白眼。

在此另說明一下，當時在所有的業務員中，只有我照前輩的建議，將服裝全部改掉。

現在回顧過去的那段時光，或許當時是因為剛從普通的上班族投入完全佣金制的世界，在不安的心情與緊張感之下，才會那麼積極改變的吧。

話說回來，**最令人意外的是，當我突然將服裝全部換掉後，對客戶之間的互動並沒有改變，而是我自己的內心出現了某種變化。**

感覺好像是有某一種嚴謹的、緊繃的心情，而且還將「好！加油！」的心情開關打開了一樣。

從那天起，已經有超過十年的時間了，我在工作時都只穿著白襯衫搭配深藍或灰色的西裝。就算西裝上有條紋，也是很普通的條紋，不會凸顯出自我的個性。

（約五年前，有一位時髦的客戶對我說：「川田，你的白色襯衫的質感和西裝不搭哦。」所以我依照他的建議將襯衫全部換掉。由於我不懂流行，所以對這方面比較少接觸。真希望他能早點告訴我……。不過，我還是很感謝他。）

到目前為止，大約有七、八次聽客戶跟我談過服裝方面的事。

「川田先生只穿深藍色和灰色的西裝嗎？」

每當有客戶問起時，我就會告訴他前述的那位前輩對我們說過的話。

還曾經有一家公司就因為這件事，請我去為他們公司的業務員辦一場講習會。

這一切都讓我深深感覺到確實是有人會去看你的服裝、感覺你的穿著。

所謂將焦點放在自己身上，就是指一個業務員並未考慮到那些自己基於工作而前往拜訪的客戶，反而將重點放在自己的服裝上，並希望在工作後的聚會上，或者是在旁人眼中，「能對自己產生某種印象」。

所謂將焦點放在客戶身上，指的就是那種客戶不會討厭，且會對你抱持好感的服裝。

要將焦點放在哪一方，這將會影響穿著的西裝的顏色。

此外，藉由改變服裝，自己的焦點也會隨之改變。

由於自己的個性及品牌形象非常重要，故不能一概拒絕。

另外，工作種類及客戶年齡層等也會影響服裝選擇。

但是，最好的方法就是假裝自己是客戶，並站在客戶的立場，再一次思考：

「這樣的服裝會不會讓客戶感到不舒服？是不是完全依賴我個人主觀的價值觀？客戶是不是會有所誤解？」

平常跑業務，一定只穿深色西裝加白襯衫。

手錶全都是黑色錶帶、銀框、白色鏡面

在穿著打扮上，我還有另外一項配件也曾經讓客戶驚呼：「哇～！你很講究耶！」那項配件就是「手錶」。

這也是受到阪本先生的影響。阪本先生是錄取我的人，也是我們的經理，所以我受到他很多的影響。

有一天，當我們在經理室裡面對面談話時，阪本先生突然這麼說：

「川田啊，在我還是業務員的時候，我曾經從某位客戶的身上學到一件事。那位客戶自己開了一家稅務師事務所，他的事務所不斷穩健成長，而他也是稅務師中的佼佼者。有一次，我去向他說明商品計畫，後來說明順利結束，而我也確實回答了他的問題，他看起來似乎非常滿意。但是，等到我提出請他加入保險時，他突然這樣對我說：『我會買這個保險，但我不會向今天的你買！』

我當然有問他『為什麼？』，而他的回答是：

『假如同時有兩名業務員，這兩個人的外貌完全一樣，保單內容也一樣，甚至連談話內容都是一樣的。等談話結束後，這兩個人拿出了申請單，要請你在上面簽名，

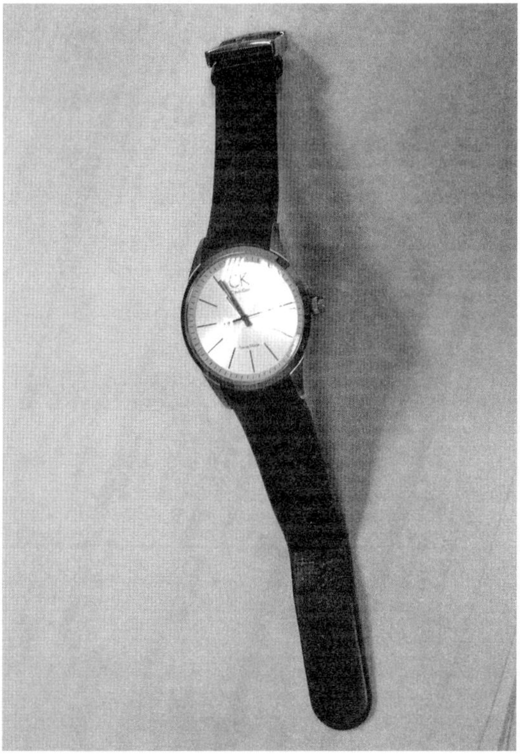

手錶是黑色錶帶、銀框、白色鏡面，只戴這種手錶去跑業務。

這時候，你發現了這樣的不同：

①其中一位業務員的西裝袖口露出了一只有著勞力士般的銀色錶帶手錶。

②另外一位業務員同樣遞出申請單，但從他的西裝袖口露出的是一只黑色錶帶、銀框、白色鏡面的手錶。

如果你是客戶，而且從今天起，要長期繳費購買商品時，你會向哪一位業務員買呢？』

這時候，我受到很大的衝擊，並瞭解到必須連這個地方都考慮進去才行。於是，我就立刻去買了黑色錶帶、銀框、白色鏡面的手錶。川田，如果你是當時的我，你會怎麼做呢？」

我當然是在當天就立刻去買了那樣的手錶。OMEGA的黑色錶帶配銀框、白色鏡面的手錶……而且是用分期付款買的。

現在手頭比較寬裕了，所以我有好幾支類似的手錶。

和年輕客戶見面時戴的手錶、和同年紀客戶見面時戴的手錶、和比我年長的客戶見面時戴的手錶等，我經常會根據客戶的工作內容、或者是我自己猜測的對方的興趣等，選戴手錶。

縱使品牌有所不同，**全部都是黑色錶帶、銀框、白色鏡面的手錶**。

你的競爭對手是誰？

連西裝和手錶都必須講究，為什麼我們需要如此堅持呢？

那是因為我們的競爭對手不只有其他保險公司的業務員而已。

我們的競爭對手是所有會和客戶來往的業務員。

如果客戶是經營者，那麼和他們來往的銀行或證券公司、百貨公司的外商或汽車經銷商等也都包含在內。

而為了讓自己在所有各業界的業務員中，能讓客戶只對自己產生：

「這個叫做川田的，好像不太一樣呢。」的想法，就必須多用一些創意，在各種方面下功夫（雖說是「用創意、下功夫」，但大多數都是先模仿其他業務員，再多加入一些變化而成的）。

許多業務員往往都會做出單向付出的事。只站在自己的角度去思考，並從「客戶與自己」這種一對一的關係去看待自己的工作。

但是，客戶不會只和我們見面而已。如果從客戶的角度去思考，**客戶和業務員並不是一種「一對一」的關係，而是「一對多（n）」的關係**。因為他們的身邊圍繞著各個領域的業務員。在眾多的業務員中，該怎麼做才能讓自己獨占鼇頭，並讓客戶對自己產生「這個人不太一樣」或者「我想向這個人買」的想法呢？

只要思考這些問題，那麼，不論是多麼細微的小事，也應該都能夠預想到、發覺到、並加以實踐。**不過，單純地出怪招、做些引人注意的事並不等於加強印象。**

而是要站在對方的立場，思考對方喜歡什麼、會為了什麼而感動，並將自己的心情與工作態度反映在這些方面。

唯有思考這些，然後下功夫準備，這樣才是最重要的。

累積在郵票上的30年重量

有位社長捎來通知：「本人將於65歲時，讓出代表的職權，轉任會長。」

幾年前，透過某位人士的介紹，我曾與這位社長見面，當時社長便說：「等我65歲的時候，我會把公司交給下一代，進行交棒。因為唯有這樣做，身為一個經營者的任務才算正式結束。」

大多數的人在委讓代表職權後，其實只是將各種事務再往更高層延伸而已，很難真正做到言出必行的程度。但是，這位社長則能夠完全實行職權的委讓，老實說，這讓我感到非常訝異。

和他見面時，從言談發現他是一位非常有魅力的人。如果有機會，很希望可以再跟他見一次面。而且，我也很希望那麼有魅力的人能夠成為我的客戶。

就算是送禮物，其他的人也會做相同的事。而且，基本上，如果是已經見過幾次面、或者是已經成為自己的客戶的人，那送禮還有道理。但如果是送禮物給只見過一次面的人，那樣就太奇怪了。

因此，我決定寄一封就任會長的祝賀信給他，同時答謝他的通知。至於內容的部分，我希望能盡量寫出可以打動人、討人開心、並且讓對方產生「再和這個人見一次面吧」那種想法的內容。

那位社長目前的心情怎麼樣呢？我不斷想像他的心情。

「30幾年前，在還年輕的時候從創業社長的手中接下了社長的重責大任，在那之後，就一直守護著職員與其家屬的社長。現在也要交出社長的寶座了。他現在的心情是覺得如釋重負嗎？是有些失落呢？還是覺得很不安呢？」

在他交出代表職權的那一天，在他回到家獨處時，心中都在想些什麼事情呢？

「是在回想過去發生過的最愉快的事，獨自微笑呢？還是沈溺在過去最痛苦的回憶之中呢？還是想起了當時從自己父親手中繼承社長職位的事？……」

我並不是經營者，和那位社長比起來，我的資歷還很淺，所以根本找不出答案。

但是，在左思右想之後，**我決定找出他就任社長的那一天，也就是距今30幾年前所發行的郵票，並將郵票貼在祝賀信上寄給他**。

在他就任社長的那一年，世界上發生了什麼事呢？如果有紀念郵票，應該就可以反映出那件事。如此一來，就可以讓他想起30幾年前他就任當時的狀況。

我找了許多郵票商店，結果發現當時的郵票的面額很小，全部都是7日圓或15日圓的郵票，並沒有今天那種50日圓或80日圓的郵票。

我用潦草的字，但客氣地將我的想法化為詞彙，寫了一封祝賀信。信封正面貼滿了色彩樸素的小額郵票。

幾天後，我接到會長親自打來的電話，同時也約好見面的時間。

當我前往拜訪時，會長一見到我就立刻說了這句話：

「你是跟誰學那種事的啊？」

他是指前幾天我寄給他的信（不對，應該說是郵票）的事。

「沒有跟任何人學，那是我自己的想法。想必會長在就任社長時，一定發生了很多事吧。」我說。

「剛開始，我只是希望會長可以注意到那封信，所以就去找了當時的郵票。但是，由於那些郵票全都是我沒見過的珍貴郵票，在反覆觀賞的過程中，感覺好像是搭乘時光機，回到了過去。而社長從那麼多年以前就開始經營公司，想必經歷過無數的辛苦，雖然那些辛苦是我這種人無法得知的，但我還是有了些許聯想。」

我甚至有一種錯覺，感覺在我和會長之間，似乎出現了一段電影般的情節。

經營公司數十年的人並不是我，讓出代表職位的人也不是我，雖然自己也覺得很奇怪，但我至今仍然記得當時眼眶不禁發熱的感覺。

幾年後，那家公司已經成為我的客戶，但我並不特別認為當時的那件事是直接要因。

不過，在正式簽訂契約前的那幾年，我一直和那位客戶愉快地來往，而這就要歸功於那些郵票了。

業務員是什麼人？

縱使不能自己主動推薦叫做川田的這個人，我還是想要來談談有關「客戶都在看」的問題。

每次去拜訪地方的法人客戶時，當地大多都會有一個大停車場供訪客使用。每當開著出租車去拜訪客戶時，我都會以自己的方式，實踐一件「和其他業務員有點不一樣」的行為。

那個行為真的非常簡單，簡單到會讓大家覺得「什麼！就那種事啊？」

大多數的辦公室都會在停車場距離辦公室入口最近的地方事先畫好幾個停車格，而上面都會註明是「訪客專用」或者「客戶專用」。我想各位也都有看過吧？

就如同在「鞋拔」那一節中所說，我認為**我自己並不是「客人」**。

那麼，我會把車子停在哪裡呢？

我會將車子停在離客戶公司入口最遠的停車位。

一般人都會想要將車子盡量停在離入口近的地方。因此，不論是去拜訪客戶的「真正重要的客人」或者「普通的業務員」，大家都想盡量將車子停在離入口近的地方。
那麼，我想在此請問一下各位，那家公司的員工停車場都位在什麼地方呢？
一定都是在離入口處最遠的地方吧？而且其中有些員工停車位還不只是遠而已，甚至還沒有鋪設柏油呢。

為什麼呢？
這個很簡單，答案就是為了「客人」。
或許有些人又會想「不需要分那麼清楚吧」。
但是，其實這並不是「分那麼清楚」，而是「理所當然」的事。

如果你有到高爾夫球場打過高爾夫球，那你應該會懂。
就算找遍全世界的高爾夫球場，也找不到那種業者、相關工作人員、繳費停車場，是位在離俱樂部會所最近的高爾夫球場。
請想像一下，假設現在有一個為了某種業務而來的人，光明正大地將車子停在離俱樂部會所最近的停車位時，他會有什麼下場？我想他可能會被球場經理斥責，甚至還被列入黑名單吧。話說回來，基本上根本就不會有業者的相關人員將車子停在那種地方。

付錢給高爾夫球場的人是客人，但要請高爾夫球場出錢購買某種東西的人就不是客人，這就是「理所當然要將車子停在離出入口最遠處」的證據。

那麼，下雨時，又該怎麼辦呢？

下雨時，當然還是得停在最遠的地方。甚至可以說是在下雨時，才更應該停在最遠的地方。怎麼說呢？因為就是下雨，大家會更想停在離出入口近的地方。

有一次，某一家公司的社長在我剛一進門時，就立刻指著外面的停車場問：

「川田先生，你為什麼每一次都要特意將車子停在那麼遠的地方呢？」

那位社長好像是在某次到洗手間時，偶然看到我正準備把車子停在停車場的情景。

聽說在隔天的晨間會報時，那位社長就提到我，而且還規定從那一天開始，只要員工去拜訪客戶，都必須將車子停在離出入口最遠的地方。

說實話，雖然我很講究這種細節，但是，每當和家人一起去大型電器行或超市購物時，為了停在離出入口最近的地方，甚至會在停車場繞個兩三圈，只求能再近個一公尺也好。

這時候，小女甚至會提醒我說：「爸爸，你得多走一些路，不然會變胖哦。」真叫人汗顏啊。

只有客人可以坐著等

「請在這裡稍等一會兒。」

有時候櫃臺人員會帶我們到接待室或會議室等候客戶。

這時候，大家都是先將公事包放在座位旁邊（由於是可穿鞋進入，所以這時候還不必鋪手帕），然後拉開椅子，坐到椅子上。

……等一下！

根據我的經驗，「絕對不可以坐下來」。

當我還在人力銀行工作時，我曾負責一位在我們部門屬於「赫赫有名的」客戶。這位客戶是因為我的一位業務前輩晉升經理，才改由我負責的。

那位客戶屬於某個學校法人，那裡的理事長非常有名，曾經幫我們培育許多業務，非常嚴格，但在公司內部的評價很高。

當我和前輩的交接完成後，我首度單獨去拜訪那位客戶。而以下的經驗就是在該次拜訪中發生的。

櫃臺小姐帶我到會客室，並說：「請在這裡稍等一會兒。」

我選了會客室最後面的位置坐下，並懷抱著忐忑不安的心情等待那位理事長出現。

過了5分鐘左右，那位理事長來了。

他一看到我，就大喊：

「你憑什麼坐著！」

「你以為你是誰啊！給我滾出去！以後不准再來了！」

他的斥責聲迴盪整座建築物。

而我也就那樣摸著鼻子回到了公司。

在我回到公司後，才知道那位理事長早就已經打電話給我的上司。我不曉得我為什麼會被罵，總之，我對這件事感到非常丟臉。

隔天一大早，大約在7點半左右（從那位理事長上班前就開始等），我就和上司一起去道歉了。這件事我至今依然記憶深刻。

老實說，當時我的感覺是「為什麼要罵人呢？」，而且也無法立刻理解原因，但現在回想起來，我真的是很感謝他。

他說的一點也沒錯。「你以為你是誰啊！」

這和停車場的事是完全一模一樣的。

我們並不是「客人」。

不論在什麼樣的場合，都絕對不可以忘記這一點。

現在，即使已經等了客戶10分鐘、30分鐘，我也一定會站在椅子前面，絕對不會坐著等客戶。

有些客戶看到後會說：「哎呀！怎麼不坐著等呢？」或者「是公司要求你們這麼做的嗎？」這時候，我就會把那位理事長的事再說一次。

如果有人想從明天開始就學著這樣做，一定也會聽到類似的疑問吧。屆時請介紹我這本書，並請說：「最近，我讀了一本這樣的書」哦。

糖包製造的垃圾應該何去何從？

請容我再談另外一件關於到公司拜訪時，「我們不是客人」的話題。

每當去拜訪客戶時，經常會有客戶端出飲料來。而且，大多數都不是茶，而是咖啡。除了咖啡外，客戶通常會在咖啡盤上擺放糖包或奶精。其實，我不太喜歡喝咖啡。因此，我一定會放砂糖。但是，每當撕開糖包後，就會製造出一塊大垃圾和一塊小垃圾。對於這些垃圾，我就很在意了。

原先倒飲料給我們的小姐一定會來清理。她會將垃圾放在托盤上，拿到辦公室的茶水間去丟到垃圾桶。

但是，垃圾有可能在她要放到托盤上時，突然掉到地板上。又或者在她走到茶水間之前，就被風吹落在地上。

考慮到這一些狀況，所以我都會將小垃圾放進大垃圾裡，然後放進自己的西裝口袋裡帶走。

由於我幾乎都是在客戶面前做這個動作，所以客戶會說：「沒關係啦，放著就好了。」但是，我都會回答：「不能把垃圾留給客戶。」並把垃圾收進口袋裡，然後就接著繼續原先的話題。

除了這件事之外，還有另外一件事也希望各位要盡量模仿。我在結束談話準備離開時，**都會將自己用過的杯具和對方的杯具放在一起**。這一點前面也已經提過，當負責收拾的人在要將杯具放到托盤上時，如果原先杯具就已經集中在一個地方，就可以方便對方清理，杯具也比較不容易因為袖子勾到等狀況而掉落地上。

小時候，我喝完茶把杯子拿到廚房去時，我母親曾經教導我說：「不是只拿到廚房來就好了，如果可以像這樣先倒一些水在杯子裡，後來清洗的人就不需要因為乾掉的茶垢而用力刷洗了。」

大學時代，我到當時正在交往的女朋友家裡去玩，當她的奶奶看到我這樣做之後，就特別誇讚我，說：「這個男孩子很優秀哦！」

不過，當時我並不怎麼瞭解為什麼那位奶奶會如此誇獎我。

前年，我們全家人一起到瑞士去旅行，當地的導遊是個哈日族，我問他：「你喜歡日本的什麼地方呢？」他說：「日本人會互相尊重，這一點是最了不起的。」

歐洲看起來很美，但縱使是在世界遺跡這類地方，只要仔細看石板道，還是會發現許多口香糖的痕跡。但如果是到日本的寺廟去，根本不會看到地上有口香糖。就算是在大眾交通工具上，也不會看到垃圾。

到日本看足球比賽時，幾乎所有的觀眾都會將看台上的垃圾拿到垃圾桶丟棄後再離開。這一點也讓他很驚訝。

導遊指出這一些小地方，並將這解釋為「日本人會互相尊重」。

一個微不足道的行為，可以幫助接下來負責處理的人節省勞力或調整情緒。

我覺得如果所有的人都可以這樣做的話，這世界將會非常美好，各位覺得如何呢？

我要先聲明一下，我絕非一絲不苟的人。如果有人提到我，認為我這個人「非常一絲不苟」的話，非常瞭解我的人一定會當場否決。

特別是在家裡，我真的是一個很不拘小節的人，這點我自己也同意。我可以輕易想像到，當我家人看到這本書時，小女絕對會是第一個跳出來挖苦我的人。她一定會說：「爸爸，你平常真的都有那樣做嗎？」不過，對於可以順利轉換工作與家庭之間的角色這一點來說，我自己倒認為是一項優點。話說回來，如果小女遺傳到我懶散的那一面，不曉得她會成為什麼樣的女性呢，這一點還真叫人擔心。

利用名片的「背面」縮短距離

只要能多瞭解對方一點，事情談起來就會更加順利。

另外，如果能讓對方多瞭解一下自己是什麼樣的人，事情應該也會談得比較順利。

但是，如果劈頭就做自我介紹，對方會在對我還不抱持興趣的狀態下，被短暫吸引而已。

不過，如果因為這樣就直接問客戶：「你有什麼興趣？」「你有過什麼經歷？」等，客戶恐怕也會覺得很可怕吧。

因此，在這種時候，**有一種方法可以極為自然地交換彼此的相關資料**。

雖然目前因為公司規定，我沒有這樣做，但在剛進公司時，卻是非常有效的點子。而且，這種方法並不困難，任何人都可以立即從明天開始這樣做。

我會事先在我名片的背面貼上這樣的貼紙。

利用名片背面，放上個人小檔案，可引發客戶話題。

也就是利用所謂的收件人姓名貼紙。

在大部分的場合，都會有交換名片的時間，其中有相當多的人會翻看名片背面。

因此，如果在交換名片後，再補充一句話：「名片背面有我個人的小檔案。」那麼，100％的人都會翻過去看。

而最不可思議的是，**大部分的人**在看到那些內容後，**都會想要尋找「這個人和自己的共通點」**。

想要尋找自己和初次見面的人的共通點，這或許是日本人的習性。

日本人在參加派對、聯誼、或某種聚會時，幾乎可以說一定都會試圖找出自己和談話對象的共通點，例如共同的朋友、出身地、興趣等。各位應該也都有過這類的經驗吧。

而且，只要找到一點點共通點，就會開始針對該點進行談話。

這樣做可以讓自己逐漸瞭解對方是一個什麼樣的人。

同時也可以讓對方知道自己是一個什麼樣的人。

這種「漸漸互相瞭解」的效果大得超乎想像，而且可以明顯降低對方的戒備之心。

名片背面小檔案的內容非常重要。

有些後輩也會學我這樣做（我自己也是學別人的），但是卻只寫些「我有一隻狗」或者「喜歡的食物：水果」「麵類」這種抽象的詞彙，這樣感覺有些太孤單了。

如果想要進行更具體的對話，自己也必須提供具體的話題才行。

因此，「我有傑克羅素梗犬」或「喜歡的食物：鳳梨」「拉麵」這類直接的寫法比較好。

「你以前待過 RECRUIT 集團啊，那你認識○○先生嗎？」

「我家也有養傑克羅素梗犬哦～！」

「你喜歡吃拉麵的話，這附近有一家風評不錯的店哦。」

像這樣，你就可以從對方身上取得各種資訊。每個人對於名片背面反應的部分都不一樣，同時也可以間接瞭解對方的為人，真的很有意思。

而如果話題繼續無邊無際地擴大下去，即使是初次見面的人，也會感覺非常熟悉。

「其實我對於保險不太有興趣耶～。」

如果對方這樣說的話，我們也要反過來說：

「這樣啊。不過，反正是難得的機緣，我可以再說一件有趣的事嗎？前幾天，我家的狗……。」

像這類的回應來讓談話可以輕易地繼續進行。

名片很小，可利用的空間有限，但只要多一點巧思，就可以無限擴展自己和對方的關係。

名片就等同於與對方交換情報的場所。是否能夠藉由名片上的資訊來縮短與對方的距離，這將會大幅影響以後的關係發展。

有許多人在就座後最初的5分鐘內，總是會在緊張的氣氛中思考「我該怎麼做？」「要從哪裡起頭？」如果你也是這樣的人，請務必要嘗試這個作法，想必一定會有出人意料的結果，讓你**自己和對方都覺得十分輕鬆愉快**。

第10級與第11級的業務員，僅是1級之差，就有天壤之別的差距

「在超越某一條界線的瞬間，人們就會開始產生興趣。」某一位大廣告代理商曾這樣說過。

舉例來說，假設播放某一種商品的電視廣告100次，會得到10的效果。

那麼，如果播放同一個廣告200次，就會得到20的效果，而播放300次，就會得到30的效果嗎？這倒不是這樣計算的。

電視廣告的播放次數如果在某個一定的次數以下，就完全無法產生效果，但只要達到一定次數以上後，就會突然發生效果。至於這個基準線，則會隨著汽車或化妝品等宣傳商品的種類而異。

聽到這個說法時，我心想：「這和我對業務的觀念很類似。」

業務和電視廣告一樣，**只要超過一定層級，客戶就會出現「這個人好像不太一樣喔」的想法，並開始產生興趣。也就是說，這樣的基準線是存在於客戶身上的。**

那麼，是什麼人在客戶心中製造了基準線呢？答案就是「一般的業務員」。客戶在接觸各種不同的業務員後，內心自然就會形成那一條基準線。

我認為客戶對於低於那條基準線的業務員，不會留下特別印象，並會立刻遺忘。

那麼，那個差距有多大呢？其實是非常小的。換句話說，只要稍微超過那個基準值一點點，就可以讓對方對自己產生興趣。

舉例來說，假設該基準值為「10級」的話，那麼只要是在「10級」以下，不論是「10」或「5」都是一樣的。就不會特別讓客戶留下深刻印象這一點來說，不論是其中最好的「10級」還是毫不起眼的「5級」的業務員，全都會被歸入同一個族群。

我對自己的期望是當客戶看到我時，永遠都是超越那條基準線的。

因此，我會累積那微小的、僅僅「1」的差距，好讓自己和「普通業務員」不同，永遠保持超越「11」以上的業務員。就是這樣的觀念讓我隨時都在「徹底」思考如何將一些普通的事情作到和別人不一樣的程度。

不過，有一件事我要先聲明，**當基準線為「10級」時，那麼我們是否需要達到「20級」的水準呢？那倒未必。**

只要有「11級」的水準就足夠了。

因為，唯有能夠寫出「如何成為超級業務員的10大法則」這類書籍的卓越業務員才有能力達到「20級」以上吧。

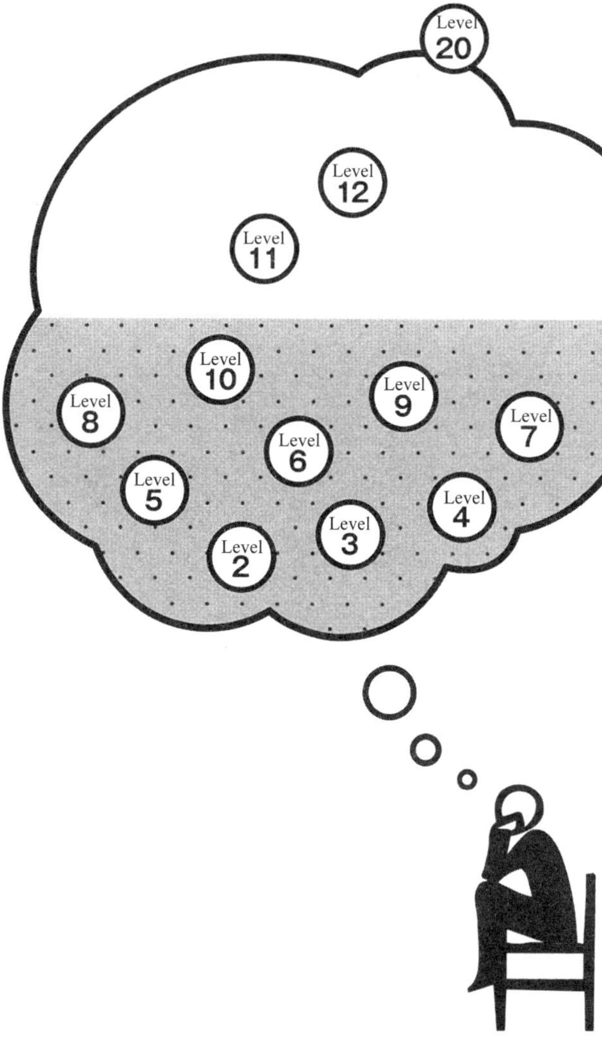

超過「第 11 級」的水準才會留在客戶的記憶中。

在快速反應之前應該做的事

最近有人提出一種論調，認為不論是對於任何事，都應該要有「快速的反應（quick response）」。我也覺得「快速反應」很重要，毋庸置疑。但是，**我們應該更為重視的是在你採取快速反應下，將導致客戶所處的不同狀況**。

「不管三七二十一，就是要立刻行動」和**「先考慮對方的立場之後再行動」**乍見之下很類似，但其實是有天壤之別的。

因此，應該優先做的並不是基於自己視線的判斷，而應該基於對方的視線來採取行動。

換句話說，**在採取一項行動之前，要先稍微思考一下**。

舉例來說，當有客戶打電話來，而自己準備要回電時。

在回電之前，應該要先思考這些事。

（客戶目前正處於什麼樣的狀況？）

（如果現在立即回電，會發生什麼事呢？）

（客戶為什麼要打電話給我呢？）

首先要想像自己站在對方的立場，猜測客戶打電話來的目的，接著加上自己的想法，最後還要進一步想像，在實行後，對方會產生什麼樣的看法。起碼要經過這些步驟後，才可以採取行動。

即使只是寄一封電子郵件也是一樣。

正因為是抽離了自己的表情及聲音這類情緒表現，單靠文字傳送訊息給對方，才更需要慎重處理，以避免造成誤解。

特別是寄送電子郵件時，寄件者經常只考慮自己的狀況，而讓郵件內容變成一種單向說明的情報。因此，寄送郵件比打電話要更加慎重。

請試著想像一下客戶在忙碌的職場中一邊盯著電腦螢幕，一邊閱讀我們寄送的郵件的模樣。

客戶會是以什麼樣的表情閱讀郵件？而在閱讀郵件時，又會產生什麼樣的心情呢？現在就**從客戶的心情來想像一下自己到對方公司就近「進行偵察」的狀況**。

對方在看著自己的郵件時，瞇著眼睛喃喃說：「啊啊，這一看就知道是〇〇寫的。」以我個人來說，由於我販售的商品是保險，所以我一直提醒自己，要讓客戶對自己產生「這個人真可靠啊」的感覺（安心感）。

打電話、寄送郵件、或者是採取某種行動，這些都是一樣的。

總而言之一句話，**首要之務就是要站在對方的立場思考**。接下來才輪到快速反應上場。

語音信箱裡是誰的聲音？

前幾天，我有事要找一位後輩，所以打了電話過去。我先跟對方公司聯絡，問好電話號碼後，才打電話。不曉得當時那位後輩是不是在洽公，他並沒有接電話，而電話則轉到了語音信箱的服務。

「現在電話將為您轉接到語音信箱，請在嘟聲後開始留言，留言結束後……。」

電話中傳來 DOCOMO 電信公司預錄的訊息。

（哎呀！這應該是〇〇的電話號碼沒錯吧？不知道到底對不對耶？）

由於談話內容涉及隱私，所以我有點擔心，最後只好先掛斷電話，再度確認號碼後再打一次。

最後，我還是在語音信箱裡留言了。

後來後輩立即回電，我才鬆了一口氣。

幾天後，那位後輩到我的辦公室來找我。

「川田先生，我有一件事想要請教您，不曉得您對我在電話上的應對有沒有什麼建議？」

「你為什麼會問我這個呢？」

「因為我覺得以我們的工作來說，都是先用電話和客戶溝通，所以我覺得那是很重要的事。」

這位後輩很了不起，有這樣的觀念，而且，也很有心學習。

「我覺得是沒有什麼特別的大問題啦。……不過，你的語音信箱讓我有點擔心。」

我當場將我自己的手機設定成擴音，並打電話到他的手機。

來電鈴聲響了將近30秒後，就轉接到DOCOMO電信公司預錄的語音信箱系統了。

「首先，你設定的語音信箱切換時間太長了。如果是你自己打電話給朋友，在等了一段時間後，最後還切換到語音信箱的話，你是不是會覺得『搞什麼啊，我還以為會來接電話呢，結果竟然是轉到語音信箱！』呢？」

那位後輩不發一語，只是面帶嚴肅地聽我說。

「另外，在留言時，我還會擔心這個電話到底是不是你的。所以，**如果你能用自己的聲音錄製語音信箱的問候語，對方就不需要擔心了**。特別是那些為了壽險的問題而打電話的客戶，我認為他們一定不希望因為打錯電話，而讓別人聽到有關於自己的資訊。……你自己覺得呢？」

其實我並不認為會有客戶為了這一點而對業務員產生什麼特別正向的評價，但是，讓客戶感受到不必要的壓力，這件事本身就應該避免。

此外，我覺得還有一件事比這更嚴重，那就是「手機留言」。這是一種直接將訊息留在手機裡的服務，不過，「……留言僅限於20秒以內……。」

想要留言，卻出現話說到一半，就因為20秒到了，而被「嗶」聲切斷，或者是因此必須特別加快說話的速度等。我想大家應該都有過這樣的經驗而感到很懊惱吧。

「聽語音信箱要付費，可是聽手機留言不需要付費啊。」

如果是和朋友或家人談話，這還可以接受，不過，這種理由完全是以自我為考量。

兩天後，我因為別的事必須打電話給那位後輩。

電話鈴聲響起後，才幾秒鐘就轉接到了語音信箱，接著，我就聽到了這樣的問候語。

「您好，我是○○。謝謝您的來電。我目前無法接聽電話，請您留言。嗶～。」

問候語已經換成他的聲音了。

老實說，我覺得非常開心。

雖然是出於善意所做的建議，但每個人都有自己的想法，而且，我也不希望自己因為不斷給建議，而被歸類為令人嫌惡的「吹毛求疵的人」。

不過，正是因為**不斷累積這吹毛求疵的小習慣，才能逐漸建立起屬於個人的品牌形象，並與其他業務員產生差異**。這一點是無庸置疑的。

最歡迎取消約會的電話

費了一番功夫才和客戶敲定會面時間，並準備做第一次的拜訪；已經請行程緊湊的上司安排出時間，一起赴約；已經談了一段時間，準備在這一天請客戶簽約，我想大家對於這類約會都會特別期待吧。

但是，到了約會當天的早上，那位客戶打電話來了。

光用想像的，就有不好的預感。

「不會是要取消約會吧？」腦海裡浮現這樣的預感。

心驚膽跳地接起電話，

「很抱歉，我突然有急事，可以改天再見面嗎？」

（果然被我猜中了！）

只要是擔任業務的工作，一定都會有這樣的經驗。

在這種時候，你通常會如何應對呢？

如果能照預定計畫一樣在今天見面、拜訪，這是最理想的。

但這幾乎是不可能的事。

那麼，我們應該如何應對呢？

我隨時提醒自己要歡迎取消約會的電話（雖然心裡很不願意，這一點和大家是一樣的）。而什麼樣的態度叫做歡迎呢？那就是**要在聽到取消約會的那一瞬間，「以開朗的口氣應對」**。

反正今天的約會是一定要取消了，如果自己表現出不開心的樣子，也只會讓對方的心裡覺得不舒服而已。

而更重要的是，我們應該想一想，客戶是以什麼樣的心情打那一通電話的。大部分的客戶應該自己就已經覺得「很抱歉了」吧。

換個立場來看，如果今天是你主動要取消和別人的約會，你一定也會覺得「真不好意思打（電話）耶～。」

客戶也是一樣。因此，如果你在這種時候，詢問對方「嗄～為什麼～！」那客戶一定會感受到某種壓力。

因此，我本身都會以開朗的態度說：

「我知道了，完全沒有問題。」

同時，會繼續以誠懇的口氣說：

「我最喜歡大忙人了，非常期待下次能與你見面！」

後面補充的這一句話非常重要。

因為這是**「以會面為前提」的一句話**。

不過，身為一個業務員，不能這樣就掛斷電話。

「那麼，我們要改約什麼時候呢？〇號和〇號這兩天，不知道您哪一天比較方便呢？」

記得一定要預約下一次見面的時間。

由於經過了前面的應對，下次的約會時間應該就比較容易敲定了。

最後，不要忘記說：

「要努力工作哦！」

「天氣很冷，要注意身體哦！」

先說一些關懷的話語，最後再掛斷電話。

以客戶的立場來說，打了一通不受歡迎的電話，對方卻沒有顯露不快的口氣，最後還不忘關心自己。

相信客戶一定也會很期待下次能和那位業務員會面吧。

像這樣，**約會雖然取消了，但生意卻是往前邁了一步。**

你有這樣的感覺嗎？

要特別注意利用手機傳送的郵件

光是電話這一項，客戶就會因為微小差異的累積，而對業務員產生不同的印象。這一點相信大家都能想像得到。

接下來要談的是「電子郵件」。

不過，這裡的電子郵件是指利用手機傳送的電子郵件。

各位會利用手機傳送郵件到客戶的電腦裡嗎？

在外出時，這是不得已的做法（在我們公司是可以讓手機先連到公司系統，再從手機傳送郵件給客戶）。

不過，我自己還是覺得這樣做很奇怪（如果是從手機傳送郵件給客戶的手機，那又另當別論）。

可能是我自己不太喜歡這樣的世界（數位化世界）吧，每當我要從手機傳送郵件到電腦時，就會一直擔心下列問題（再重申一次，我並不是那種一絲不苟的人，而是典型的粗枝大葉的O型人）。

・螢幕上會出現什麼樣的字體？

・有沒有確實換行？
・字數太少，會不會很失禮？

其實我偶爾也會收到手機傳來的郵件，看著辦公室的電腦螢幕，上面出現一長串沒有分隔的文字，顯得毫無生氣。

身為收件人，當然知道「這是用手機傳的」，但是，只要想到輪到自己用手機傳郵件時，就會格外擔心。

由於是在緊急時，才不得已用手機傳的，所以開頭的問候會比較簡單，內容陳述也會比較精簡。

對我這種會隨時意識到要做到前述的「11級」以上的業務員來說，真的是很怕用手機傳送郵件。

因此，如果無法避免用手機傳送郵件到客戶的電腦時，我一定會在最後加上一句「解釋」。

「由於我人在外面，才會用手機傳送郵件。郵件格式很簡單，在此先向您說聲抱歉。」

這個句子我已經事先存在手機裡，每當要用手機傳送郵件時，只要在最後加上即可。如此一來，就可以減少一些冷漠感，即使文章內容很短，客戶應該也能夠諒解吧。

目前為止，並沒有客戶特別針對這件事說我「很周到」，而且，或許「很周到」這句話的意思也不是很正面的吧。

不過，個人的品牌形象確實是由非常細微的小事慢慢累積而建立的。正因為如此，才需要累積連客戶也不會特別說出的，或者是不會特別注意到的小事。

不要在高爾夫球場說出「好球！」這句話

我很希望能跟大家聊一些「招待客戶吃飯」或者「陪客戶喝一杯」這類稍微脫離工作的話題，但很可惜，我幾乎不曾和客戶一起去吃飯或喝酒。

或許大家會覺得很意外，但我真的最多就只有和客戶一起吃午餐而已，至於喝酒，一年也只有三四次。

因此，我沒有任何可以在這些場合使用的「技巧」。

如果真要談脫離工作的場合，就只有「高爾夫球」了。

我本身非常喜歡打高爾夫球，偶爾會和客戶一起去。但是，那完全是以個人身份一起打球，並非所謂的「應酬」。不過，在此介紹一下這種場合下的「技巧」，應該也很有意思吧。

每當和客戶一起去打高爾夫球時，經常會看到有一些人不斷地喊著「好球！」，試圖奉承那些剛擊出球的人。以我來說，我完全不說奉承話。因為我認為對擊球者來說，那些話反而是很失禮的。

擊球者本身也知道自己打出的球是不是好球，縱使不知道，在聽到旁人說「好球！」時，一定也會感到很不愉快。而如果自己是被奉承的人時……一想到這裡，我就更說不出那句話了。

其實，如果不說奉承話，而是反過來說「剛才好像打得太弱了」這類的話時，對方反而會接著說「是有一點，再試一次看看吧」這類的話，並讓談話繼續發展下去。

況且，如果擊出的球並不是真的好球時，一般人一定都會覺得「我的實力才不止這樣呢！」因此，可以理解為「只要你的本領有發揮出來的話，絕對不止這樣而已」的話反而會讓對方感到很開心。

不過，如果真的是好球時，那就另當別論了。

這時候喊出的「好球！」，是會讓歡呼者本身都覺得很興奮的。

除此之外，還有一件更重要的事，那就是**自己也要「開心地」、「痛快地」、「爽朗地」而且動作快速地打球**（其實「動作快速地」是非常重要的一點，但這並不是本書要談的部分，有興趣的人可以去請教熟知高爾夫球禮儀的人）。

具體來說，就是要做到下列幾點：

・就算打出OB（界外球），也不要沮喪，還是要面帶笑容地打暫定球。
・就算擊出失誤球（miss shot），在瞬間的懊惱後，就要恢復爽朗的心情，以「實力」繼續下一次的擊球（瞬間的懊惱是可以允許的，不懊惱反而不像個正常人呢）。
・就算打了10桿，還是要爽朗地回答「10桿」（其實心裡正在哭泣……）等等。

特別是**在打高爾夫球時，只要出現失誤，一個人的本性就會顯露無遺。**

而這個時候，別人就會斷定你「這個人只要遇到失誤的狀況，就會採取這樣的應對方式。」

如果只是站在自己的立場，不管是要懊惱、或者是沮喪都無所謂。但是，高爾夫球是一種由4個人一組一起進行的運動。更何況如果同組的組員是客戶的話，就更不可以讓對方產生不愉快的感覺。

基本上，自己的高爾夫球打得不好，這並不會讓任何人感到不快。

因此，請記住這一點，如果你讓別人感到不快，那一定是為了別的事。

18洞打完後，如果自己的成績比別人少1桿（我都會盡全力享受打高爾夫球的樂趣，絕對不會故意輸球），我也會故意在那一洞結束後，笑著說：「你要再多練習一下再來哦」或者「今天是我大獲全勝哦」等等。

不過，當然要先和對方具備某種程度的關係才能這樣說。而且，也要事先弄清楚對方是否能接受這樣的玩笑話。不過，比較讓人意外的是，社會地位越高的人，反而不會因為這樣的話而生氣。相反地，還經常會以「你還真是大言不慚耶！下次我一定不會再輸你的！」之類的話來回擊。

基於工作或在組織間的上下關係，大家都會對上位者說一些奉承的話，而上位者對這也都很習慣了。

但是，其實上位者需要的是勇於說出真心話的人。

因此，只要站在對方的角度說出真心話，根本就不需要說那些逢迎、奉承的話。這樣的態度也可以運用在工作上。

可以在高爾夫球場上搔到對方癢處的小技巧

接下來要介紹可以讓對方在打完高爾夫球的18洞後，對你產生「這小子和過去跟我一起打高爾夫球的人都不一樣喔」的小技巧。

一大早去接客戶，先買好4罐飲料，並在上面做好記號，準備當天需要的分數卡等，這些是普通的業務員都會做的事。

因此，我想介紹一點比較不一樣的東西。

首先，我們應該要注意的是開球。也就是在每一洞的第1桿時，先將球放到球座上再揮出的擊球。

1個人在開球時，其他的3個人都要在一旁靜靜看著。打高爾夫球時，最緊張的應該都是開球。

鏮！

「好球！」（真正好球時才喊。）

這時候，不論是桿弟或者揮桿者本身，大家都會開始看球往哪裡飛。

等到確認球的落點後，揮桿者一定會做一件事。

你知道是什麼事嗎？

就是撿起球座。

在這種時候，經常可以看到揮桿者找不到球座的情景，就算輪到自己時也是一樣，經常會發生找不回來的狀況。

但是，在這種時候，我都會很快速地撿起球座，並說一聲：「在這裡。」

那麼，我是怎麼做到的呢？

當擊球者要開球時，我都會站在他的斜後方，而我的視線不只是看球的去向而已，還會追著球座跑。總之，我一定會看球座掉在什麼地方。

極端一點來說，**大家一定都會看球的去向，但根本不會有人注意球座的去向**。

而當逐漸習慣後，很快就可以同時看球和球座的去向。

因為**以18個洞×3個人來計算，打一場球就可以訓練54次了**。

這時候，一定會有人在途中問我：

「咦？川田先生，你都有在注意球座往哪裡飛喔？」

由於大家都在球場上，所以其他的人也都會聽到。

「對，這樣可以避免球座遺失。」

大部分的人在聽到後，都會感到佩服。

不過，光是這一點，還無法讓別人產生「這個人不一樣！」的想法，最終只能讓人覺得「這個人有這樣的特技」而已。

因此，還有另外一個小秘訣，那就是**「橡皮擦」**。

如果有去打過高爾夫球，應該就知道，高爾夫球的成績卡從第1洞到第18洞都要登記成績。

大部分的人都會在開始打球前，就用鉛筆寫上所有組員的姓名，然後收到口袋裡。

而如果當天是從第10洞開始打球（**in start**），「橡皮擦」就得登場了。

當在第一個洞打完時，經常會有人忘記那是第10洞，而將成績填寫在第1洞的位置。

「啊！寫錯了！」

「哎呀，我也是。」會有好幾個人異口同聲地說。

更慘時，還有在進行了2、3個洞之後，才發現這樣的錯誤。

其實桿弟的手上當然都會有成績卡的副本，而即使當天沒有桿弟跟隨，球車上還是會有備用的成績卡。

但是，這種時候就得再重新填寫一次姓名了，還挺麻煩的。

如果在這個時候，從口袋拿出橡皮擦，說聲「請用這個吧」，大家一定會很訝異，然後向你說聲「謝謝」。

而這個行為也不會被視為一種「特技」。

高爾夫球場和橡皮擦，從高爾夫球裝的口袋裡拿出橡皮擦。

這兩者不論怎麼想都搭不起來。

正因為如此，驚訝才會油然而生。

其實這是我的一位後輩的一貫作法，而且他也是跟他以前去過的高爾夫球場裡的桿弟學的。在聽他談起這件事後，我也就跟著這樣做了。

如果有讀者平常也都會這樣做，請務必要告訴我！好讓我也可以參考你們的作法。

第2章

從「有點不一樣」開始注意到的重要之事

在第1章中，我敘述了一些畫面，那些都是我自己在過去的業務經歷中，特別意識到的行為技巧。相信各位藉由那些畫面，可以具體想像出「自己應該要如何做，才能成為客戶眼中的一個特別的業務員」。

其實我自己在藉由前章的敘述過程，也再一次重新整理、並瞭解到我自己身為業務的軸心在哪裡、以及為什麼有這麼多的客戶願意關照我，讓我達成那麼好的業績。

前述那些自己有所意識、以及意識到的行為都有一個共通點。

那些行為在剛開始都只是單純地為了「推銷自己」而已，但不論是在地上鋪手帕、九十度的鞠躬行禮、將垃圾帶走、將車子停在離入口處最遠的地方、自己錄製語音信箱的問候語等，這些行為都有其「共通點」。

那就是它們都擁有一些共通的、我想傳達的訊息。

而那到底是什麼呢？

……我想各位應該都能夠體會到吧。

技巧從模仿開始

各位曾經有過「這個明天再開始做吧」或者「這個符合自己的個性嗎」之類的想法嗎？老實說，在閱讀「〇〇記事本術」或「超級業務員的行程管理」等所謂的技巧書籍後，應該沒有幾個人能夠立即就從明天開始實踐吧。至少我自己就沒有成功過。因此，我想在這裡介紹一些門檻比較低、「可以從明天立即開始模仿」的技巧。

要將別人的想法變成自己的東西，一般人都會認為這樣做的「門檻有點高」。

但是，不要將這想得太困難，只要先抱持「只是模仿而已」的態度即可。

就像在高爾夫球那一章中所述，**縱使那是後輩先採取的作法，但只要自己覺得「有道理」，就要立即模仿**。

不要想太多，不論是從前輩、後輩、有幫助的商業類書籍等所學，只要身邊出現讓自己覺得「啊，這個很棒喔」的事，就要立即模仿看看。

即使單純將其視為「技巧」也無所謂。

不需要裝模作樣，顧慮太多。

不需要消極地覺得「偷學別人的優點，好像在奪取別人的好處」。

超級業務員都是在別人的指導下，或者自己去竊取別人的優點，才有那些成果的。

只要你自己在成功之後，不要忘記將那些技巧傳授給身邊的人就可以了。這樣就算是充分的報恩了。

有些企業的客戶會請我辦業務員的讀書會，我偶爾也會在讀書會中，以這個章節的內容為談論的主題。

「不需要做什麼特別困難的事。從明天開始，任何人都可以模仿！」

當我在以業務員為對象的演講會中這麼說時，聽眾都會露出「原來如此」「真有趣」的表情。

但是，比較遺憾的是，我幾乎沒有在會後聽過有人告訴我「我照著川田先生的話，實際做了嘗試」。由此可知，就算大腦能夠理解，但能夠付諸實行的人還是很少。

這樣真是太可惜了。

如此一來，不論是聽演講還是買書，都只是在「浪費」時間和金錢罷了。

您知道嗎？業績好的人都是在經過模仿的過程後，才有那種成績的哦。

從明天起，不對，應該是從今天起，只要選擇自己喜歡的就可以了，請務必要試著去模仿看看。

在模仿之路的前方，有很大的變化在等著你

我自己本身的出發點很單純，只是因為崇拜了不起的偉大業務員，同時在抱持「應該怎麼做才能在客戶腦海中留下比其他業務員更深的印象」的想法之下，才開始這條路的。

但是，在那樣的想法下開始的道路，最後並沒有草草結束。

因為在那條道路的前方，有著真正的業務員才能抵達的終點。

在保德信人壽裡，我們經常會聽到一段話，而那是我自己最喜歡的一段話。

「想法改變，行為就會改變。
行為改變，習慣就會改變。
習慣改變，性格就會改變。
性格改變，人格就會改變。
人格改變，人生就會改變。」

那種「變化」在自己的體內也會產生。

原本是基於模仿而開始做各種行為，但那些行為會逐漸轉變，變得不再只是一種技巧而已。一種「尊敬對方」的想法會在自己內心紮根、發芽，並移植到自己的言行舉止上。

或許那些行為是為了提升業績，為了抓住客戶的心才開始做的，但是，結果不僅是客戶覺得很開心，更重要的是，連自己也都覺得很開心。

對方覺得舒服，自己也覺得開心，這樣的情緒會產生連鎖反應。

而且我注意到，這樣的狀況不僅止於與客戶之間的關係而已，也能幫助你和身邊的人建立良好的關係。

舉一個非常小的故事為例。

如果工作到深夜，必須搭計程車回家時，不要只是在家門前付完車資後就默默下車，而要對計程車司機說一聲：

「請小心一點，加油哦！」

在這種時候，身為業務的自己其實是客戶，但不要去管這樣的關係，還是要非常自然地慰勞計程車司機。

對待餐廳的服務生也是一樣，當他們送水和擦手巾來時，也可以清楚地對他們說聲：「謝謝」。

在家裡也是一樣，我對內人和孩子說「謝謝」的次數增加了。
「一點小事何必道謝呢。」或許會被他們笑，但是，這本來就應該這樣做。
不過，很丟臉的是，過去的我根本就做不到。
現在我能做到了，我對此由衷感到開心。

而且，我也希望能將這些清楚地傳遞給自己的孩子以及下一個世代的人們。

這每一件事或許都是微不足道的小事。
但是，如果不只是業務員，而是世界上的每一個人都能夠自然地尊敬別人的話，我們的世界一定會變得非常美好吧。
只要以成為優秀的業務員為目標，自然就能成為優秀的人類。
沒有什麼比這更美好的了。

客戶除了購買商品，同時也購買氣氛

或許有些人會覺得即使言行舉止產生改變，成為一個「平凡的善人」，但是，「只要業績沒有提升，就沒有任何意義」。

這確實有其道理，但是，我認為**這之間其實有很強的關連性**。

不只是我們公司，各位的公司裡面應該都有很多業務員。

業務員要販售的商品都是一樣的。

而公司教導的商品說明方式、銷售方法等，也全部都是一樣的。

換句話說，大家的起點都是一樣的。

但是，在不知不覺之中，不同的業務員卻開始在銷售額上出現好幾倍的差距。

各位不覺得很不可思議嗎？

其實這是因為客戶所購買的「不只有商品」。

明明是相同的商品，為什麼每個業務員會出現不同的業績呢？

這和前面章節所提出的內容完全有關係，因為**客戶「除了購買商品外，也同時購買周**

遭的氣氛」。

何謂「氣氛」？這包括公司的企業理念、業務員對客戶的關懷與體貼、以及業務的工作理念、甚至是人生觀或價值觀等。

以前我曾經從錄影帶上看過六花亭的介紹。六花亭是一家足以代表北海道的日式點心老舖，在日本各地都非常有名。

據說他們曾經收過一封顧客寄給他們的信。

那封信的內容是關於那位顧客在某個下雪天，到六花亭購買土產當成旅行紀念品的事。點心的美味就不用多說了，但最讓那位顧客感動的其實是那家店對待顧客的方式。

話說那位顧客提著滿手土產，準備從店內走到雪中，搭乘在外等候的計程車。在這個時候，那家店的收銀員看到了，於是他立刻撐開傘給那位顧客，還接過顧客手中的土產，幫忙拿到計程車上去。

當顧客坐上計程車後，他看著顧客說：「謝謝。」，並在雪地中深深地一鞠躬。

當計程車開出幾百公尺後，那位顧客回過頭去看，意外發現那位店員還一直佇立在雪地中，連傘也沒有撐，一直目送著那位顧客（這位店員真是太優秀了）。而當計程車要轉彎時，那位店員又鞠了一個躬。

各位覺得這段故事怎麼樣？

大家可能會認為六花亭是老舖了，所以連工作人員也都能夠徹底貫徹對顧客的接待方式。但是，我至今還清晰地記得當初聽到這則故事後的深刻感動。「啊啊，果然還是要這樣。客戶終究還是會被商品周遭的那種眼睛所看不見的氣氛所感動。」

在公司內也不捲起袖子的真正理由

要成為和別人不一樣的業務員，**除了商品本身以外，還必須提供眼睛看不見的，但會確實存留在客戶心中的某種感覺**。

除此之外，平常的言行舉止也會成為一種「眼睛看不見的感覺」傳達給客戶。正是這些微不足道的小事不斷累積，才會形成每一個人獨特的氣質。

基本上，業務員不會在客戶面前取下領帶、捲起袖子、或者穿著涼鞋。但是，當一回到公司，回到辦公室時，又會出現什麼模樣呢？

前面已經數度提到，我絕非屬於神經質的人，反而具有典型的O型血型的個性，但正因為如此，才更需要在日常的業務行為上，注意這類枝微末節的小事。

由於西裝會皺、會被汗水弄濕，所以在公司內部時，我會脫掉外套，但我絕對不會捲起襯衫的袖子，也不會脫下領帶，更不曾穿著涼鞋在公司裡面走來走去。

有些後輩會說：「我要外出時，會先把袖子放下來！」但問題並不在這裡。

每個人的價值觀都不同，所以我也不強迫推銷自己的看法，但是，這些細微的習慣都會形成一種氣質（氣氛），甚至會在客戶面前顯露無遺。

每天春天，街上就會出現許多社會新鮮人。為什麼我們在看到他們時，就會知道他們是社會新鮮人呢？

這難道不是因為我們從氣氛中就可以感受到，他們平常應該是不穿西裝的吧（不是從西裝尺寸或新衣服去判斷）。

相同的，客戶在看到我們時，應該也能感覺到「我們平常在辦公室裡的模樣」。

此外，就算是在辦公室，**我也絕對不會**將和客戶簽訂契約這件事**以「賺到契約」來形容**。

或許有人會說：「我在客戶面前絕對不會講那種話，不用擔心。」但是，問題不在這裡。

因為那一樣會形成一種氣氛，在客戶面前顯露出來。

雖然一再強調，但對於抽象的氣氛一事，畢竟還是無法討論。

不過，如果出了辦公室，那當然就另當別論了。我會將開關從「ON」切換為「OFF」。

我只要一回到家，就會立刻脫掉西裝，換上年代已經相當久遠的T恤和運動褲。特別是T恤，如果不是那種質料鬆軟、已經穿很久了的，我就會覺得無法放鬆（我相信一定有很多人有同感）。

基本上，我都是躺在沙發上，而那個模樣是無法見人的。

如果有讀者看到我那個樣子，肯定會出現「這個人失敗了！」的想法……。

第3章

業務員是弱者
——要承認自己的懦弱

在從事業務的現場，會遇到很多令人感到痛苦的事，這是事實。不對，這句話似乎說得有點太輕鬆了。或許要改成全都是令人感到痛苦的事才對。

那麼，對於這些痛苦的事，業務員要如何面對呢？我想應該每個業務員都曾出現過「我受夠了！」的想法吧。

而我也出現過。

因此，在這一章中，我將介紹我都是如何面對那些痛苦的事。

有些書只談業務上的成功經驗，但我覺得那類書籍無法對各位有實質意義上的幫助。因此，我大膽地在本章中談論一些其他書籍很少觸及的主題，希望能對讀者更有幫助。

將內心真正的「夢想」寫出來，就可以再往前進一步

雖然很唐突，但我有一個問題要問各位。

如果你在時間、金錢等各方面都可以自由使用、安排的話，你希望過什麼樣的生活？

在我28歲那一年，我曾和內人一起寫出我們心中理想的生活。我平常是不看書的，但有位後輩推薦我看了一本當時很流行的書《莫非定律》（Murphy's law），而這就是我們做這件事的起因。

書上寫道：「首先要由夫妻共同討論希望以什麼樣的方式生活」。

因此，我和內人就先一起默默地將自己的夢想寫在紙上。

或許有人會覺得「夫妻一起做那種事，有點怪怪的」，但總之就是先「做做看」。

當要冷靜思考自己或家人的現狀與未來時，這是出人意料的好方法。當家人認真地討論希望如何生活等時，時間會不知不覺地流逝，此時就會發現一種類似「人生批判」的東西。以我個人來說，就是這一個小小的想法，讓我站到了人生的交叉路上……。

當時，我是從自己的父母開始寫起的。

我希望能帶父母去環遊世界、我希望送他們一輛賓士新車、我希望能帶他們去溫泉旅行。接著，我希望我們家人每年可以到國外旅行兩次、我希望可以住在億萬日圓的豪宅等等，想到什麼就寫什麼。

剛開始時，我以為隨隨便便就可以寫出二三十個，但很意外的，事實並非如此。因為現實會跑出來阻礙你。因此，最後我只想到了8項。

接下來，我們將彼此寫的內容給對方看。最有趣的是，內人可以想到的願望數量也和我差不多。而且，她也是先寫父母，然後再寫自己。連夢想的順序和內容都和我的很類似。

但是，她所寫的最後一項卻讓我大受打擊。

內人在紙上寫著：「希望在買衣服時，可以不用看標價」。

我過去一直以為她不喜歡高級名牌，甚至是對名牌完全不感興趣。

「因為如果什麼都可以自由使用、安排的話，任何一個女人都會這麼想啊。」

雖說是想不出什麼願望可以寫，但竟然會出現這樣的願望，這令我非常震驚。

一起生活了這麼久，竟然完全沒有注意到內人的這一個願望，而身為一個男人，竟然會讓自己的妻子覺得「那種事是不可能發生的」，這也讓我大受打擊。在那一刻，我心想，我一定要實現內人的這個願望。

「那……我還是先辭掉RECRUIT集團的工作吧。」
我說完後，內人當場就贊成說：「好啊。」
雖然不是立刻辭職，但就在那一瞬間，決定了我要辭職的事。
現在回過頭去想，其實當時的我本來就希望有人能在背後推我一把。
因為當時的我意志很薄弱，無法下定決心。
如果我抱持平常的想法，就可以一直在優渥的待遇與舒適的環境下工作，而且一起共事的同事也都很優秀，根本就沒有必要離開那個環境，踏出不同的一步。
但是，RECRUIT的工作已經讓我感到一成不變，即使達成營業目標，也不會很興奮，這也是一個事實。平常不看書的我會去看《莫非定律》，夫妻還一起實踐那本書的內容等，這或許也都是順應自然的發展吧。
其實當時也有其他公司來挖角，但如果一直當一個普通的上班族，還是無法實現我們夫妻寫下的夢想。
我們決定將那天彼此寫下來的夢想視覺化。
舉例來說，針對「不看標價購物」這個夢想，我們採取的作法就是在家中貼上東京表參道那些展示櫥窗很美的商店的照片；至於「在東京都內擁有寬敞的豪宅」這個夢想，則貼上位於世田谷區駒沢大學附近的高級豪宅照片。而那些照片都是我們夫妻一起出去拍攝的。除此之外，「帶父母去環遊世界」、「送賓士車給他們」的夢想則是去拿回一些相關的廣告手冊。我們將這些資料放進資料夾裡，並放在玄關一段時間，每當要上班或回到家時，就會看一下，藉此提高鬥志。

都一把年紀了還做這種孩子才會做的事，真的是非常丟臉。但是，當時我們夫妻都非常樂在其中。

每當聽那些所謂的成功人士的故事時，都會聽到他們是從小就立志要當老闆、或者是在20幾歲時，就想著30幾歲要過什麼樣的生活而拚命努力，總之，大部分都是從一開始就擁有「堅強意志」的人。但是，並非世界上所有的人都能做到這一點，起碼我就不是這樣的人。

而正因為沒有堅強的意志讓我可以立即下定決心，所以才要從寫出「夢想」開始。只要這樣做，就能讓自己發現到「不能再繼續維持現狀了」。

就我個人來說，我也是**漸漸地邁向重大的決定**。

而且，更難為情的是，多虧「內人在背後督促」我不可以忘記那些夢想。

最後要告訴各位一件事，在那個資料夾裡的大部分的「妄想」都已經實現了。

為了專心工作，而和家人分居

我是一個意志不堅的人。

只要稍不注意，就很容易在不知不覺中選擇比較輕鬆的方式去處理事情。**正因為我非常清楚我有這樣的缺點，所以在必須一決勝負的關鍵時刻，我就會刻意將自己逼入絕境。**藉由斬斷退路來製造一個無法逃避的環境。

在決定跳槽至保德信人壽時，我最先想到的就是「要讓自己暫時處於一個只能思考工作的狀況下」。

舉例來說，擔心趕不上末班車、通勤變成一種壓力、或者要擔心家人等門，這些都會讓我無法將精神集中在新工作上。

因此，我決定先在公司附近租屋獨居，而家人則決定先搬到內人位於北海道的娘家生活。當時長女才一歲，長男則還在內人肚子裡。時值我決定轉換跑道的一九九七年春天。我在東京市內租了一間大樓公寓，只要步行就可以到達公司和車站。我打算先自己獨居，等到工作上軌道後，再和家人一起生活。

總之，我和家人總共分開了一年。

新租的房子是超過40年的老建築，熱水和冷水是分開出水的，不僅沒有紙門的風味，甚至有螞蟻在家裡列隊行進。廁所也很窄，每當要站起來拉褲子時，頭就會撞到門。大致情況就是這樣。

在還沒辭掉工作時，我的年薪將近 1200 萬日幣，但存款幾乎是0。內人工作時存的錢是我們家唯一的財產。在家庭成員即將增加為4人的時候，我竟在東京都內的出租房子獨居。居住的品質就不用說了，重要的是故意和家人分開生活，這樣才可以讓自己產生「已經走到這個地步了，絕對不可以逃避！」的想法。

雖然是我自己提出要獨居的，但在深夜回到家，想起可愛的女兒時，就會自己一個人在房間內邊看錄影帶邊哭。這些情緒上的糾葛讓我失眠，有時候明明已經因為睡眠不足、感到很睏了，卻還是無法入睡。

雖然已經建立好夢想檔案，但現實卻彷彿一直朝著反方向前進……。

不過，身為一個業務員，就是最初這辛苦的2年讓人成長最多。

由於處在一個只能埋頭苦幹的環境下，使得與客戶洽談的次數也壓倒性地多。

洽談次數多，這會增加認識客戶的機會，而透過認識的新客戶，就可以學到許多「在從事這項工作時，絕對不可以忘記的事」。

工作與生活取得平衡（Work, life balance）雖然也很重要，但在達到那個目標之前，還有一些事情要做。

現在我們一家四口幾乎每晚都會一起吃晚餐，但在到達目標之前，我們有2年的時間都處於工作與生活不平衡的狀態之下。

如果你才剛進公司，或者還在換工作後的前2年，建議你要不顧一切地專心工作。而縱使是已經進公司好幾年的人，只要做了某種決定，那一刻就是你的嶄新機會。可以試著將自己徹底逼到絕境，並且像拼命三郎般地生活2年。

「我想馬上看到成果，2年太長了！」

我能瞭解這樣的心情，因為業務的壓力實在是無法計算。但是，在漫長的業務員人生中，2年真的很長嗎？

請容我補充一點。

2年說長不長，說短也不短。

但這並不是針對你的感覺。由於是自己的決定，本來就應該忍耐。但是，對於家人、特別是配偶來說，則是一段非常漫長、不安的時間。

我認為內人當初也歷經了相當的忍耐。雖然我們在一年後就開始一起生活了，但在一起生活後，我還是對內人說：「在剛開始的2年，你就當作我已經死了吧。」「不要問我幾點會回家。」「不要問我『你今天晚餐吃什麼？』」「我在睡覺的時候，不要吵我。」

正因為我知道自己很懦弱，所以我對內人的要求也特別嚴格。

而內人也能完全遵守那些要求。

如果家裡有年幼小孩的讀者，應該就能理解在那2年的期間，內人真的是比我還要辛苦。

如果當初沒有「家人的協助」，我想我早就已經放棄了。

想取得和客戶見面的機會，必須靠家人的壓力

和業務密不可分的工作內容就是「和客戶約定見面的時間」。

例如要請素未謀面的客戶給我們見面的機會，以作為洽談的第一步等，這其中可能發生的情境就有千百種。因此，只要是有從事過業務工作的人，一定可以瞭解這個「和客戶約定見面時間」的工作壓力有多沈重……。

這項工作真的令人非常痛苦，如果可以的話，會很想避開，總之，這項工作具有最沈重的精神障礙。

至於為什麼這項工作會令人感到沈重無比，大概是因為業務員都很害怕在鼓起勇氣打電話後，卻遭到對方斷然拒絕吧。

以我的工作來說，客戶會以「我目前不需要購買保險」的理由而對電話邀約回答「NO」，其實他們並不是在否定業務員本身。即使如此，不知道為什麼，只要打電話遭到客戶拒絕，就會感覺好像是自己這個人遭到全面的否定一樣，而陷入不可言喻的憂鬱情緒。

客戶可能只是因為已經有參加保險了，所以才拒絕我們，也或者僅是單純地和我過去

一樣，對壽險這種產品感到排斥而已。因此，客戶的拒絕和保德信人壽的保險內容完全無關，亦即他們只是在否定「過去對保險的印象」。雖然我沒有什麼具體的證據，但大致上應該是如此……。

話雖如此，我們還是不能因為害怕被拒絕就逃避這項工作。尤其是對我們這種以完全佣金制的方式工作的人來說，如果停止打電話給新客戶，那就意味著業務員之死。

但是，縱使處於那種無處可逃的環境下，還是會不禁產生「還是明天再打電話吧」的逃避心態。

其實，面對這種約客戶見面的電話，只要下定決心，打了第一通電話後，接下來的狀況就會出人意料的順利，彷彿原先猶豫不決、舉足不前的自己已經消失不見了一樣，而工作也會順利步上軌道。

因此，最重要的是**在下定決心之後、以及真正採取行動之前，必須和懦弱的自己作戰，不要讓自己趁各種機會找一大堆藉口逃避**。

至於我自己是如何克服這種障礙的呢？那就是藉助內人的手。就像小孩子要等到被父母或老師罵以後才會去寫作業一樣，我也是自行製造那樣的情境，好讓自己無法逃避。

每當遇到無法再拖延的客戶邀約工作時，我就會帶回家裡，並對內人這麼說：

「今天晚上8點到10點，我要打電話給客戶約見面的時間，如果我到8點還沒有開始打的話，麻煩你跟我說：『你不是要打電話約客戶見面嗎？』」

很不可思議的是，當自己陷入這種無法逃避的情境時，就會在8點的時間一到時，就趕緊先打電話。但那並不是對工作的義務感使然，只是單純地不想讓內人說出：「都已經8點了，你還不打嗎？」這種讓自己無地自容的話而已……就只是這樣而已。

我非常瞭解自己「會逃避自己討厭的工作，是個懦弱的人」。

正因為如此，我才**完全展露出自己那樣的本分，並大膽借助家人的手來推我一把**。

或許有些讀者在看到這段內容時，會認為「川田先生是個意志堅強的人，勇於把自己逼入絕境」，但事實卻是完全相反。正因為我瞭解自己的弱點，才會讓自己處於無法逃避的環境。**不想打電話約客戶見面、精神壓力大的工作先擱著，每個人都是如此**。起碼我自己就是這樣的人，而且，一定也有很多人是這樣的。

因此，我認為：**一切要從先承認自己的懦弱開始，然後再思考要採取何種方法來解決這個問題，並藉此讓自己與其他的業務員產生差異。**

不要和痛苦的事情對峙，而是要肩並肩、和睦相處

有幸衝破精神障礙，不再以各種方式拖延打電話的工作，超越企圖逃避的自己，之後，終於開始打第一通電話。而出人意料的是，在開始打電話並被拒絕2、3次後，就會越來越熟練了。相信有經驗的人在看到這裡後，一定都會跟著附和說：「沒錯沒錯」吧。

話雖如此，還是沒有人會因為聽到別人說「NO」而感到開心。無論如何，遭拒絕就是一種負面的情緒，會讓人感到沮喪失落。

但是，想要讓每天的工作稍微愉快一點，就必須去除那種負面的情緒。因此，我自己一直採取一種作法。如果你是負責指導業務員的人，請務必做為參考。

那就是**將打電話時聽到的「NO」的次數設為一個目標**。

接下來，**就盡量以亮色的筆在記事本上寫下標題，且在每次打電話遭到拒絕時劃上一筆，以「正」字來計算次數**。等次數到達100時，就去吃頓大餐犒賞自己，或者在超過500次後，就去買一把新的刮鬍刀送自己。大概就是這樣的感覺。

打電話約客戶時，如果能敲定見面的時間，當然是很開心的事，但如果採取上述的作法，就算遭到拒絕，還是會產生一點開心的心情。

如此一來，**不論能否和客戶約定時間，都能產生快樂的心情**。

打電話遭到拒絕，這當然會產生負面的情緒。但是，我們應該要接受這種負面的狀況，不要一直沈浸在那種氣氛之中，並且思考積極向前的方法來取代那種痛苦的心情。

總而言之，**我們不應該向痛苦採取正面對決的方式，而是應該和痛苦並肩前進**。

在職棒的世界中也是如此，全壘打王往往也是三振王。這或許也是因為能夠充分瞭解自己的弱點、並接受它，才能夠做到這樣吧。

最後有一件事想和大家分享，雖然不知道這算不算一件令人驕傲的事，總之，在我轉換跑道前所購買的電動刮鬍刀一直在經過13年後，還是無法換新的，真不知這算是一種幸還是不幸。

其實我目前的年薪已經是前一項工作的數倍了，因此，購買刮鬍刀這種東西，根本就可以不加任何思索。但是「購買刮鬍刀作為對自己的犒賞」是在新人時期決定的，因此，在沒有達成某種目標時，就不會想要購買。

如果今後又設定某種艱辛的目標，我要設定以購買那種最新、刮起來非常舒服的高性能的「廿一世紀的刮鬍刀」來做為犒賞自己的禮物，而我從現在起，也會一直衷心等待可以舒適地刮掉自己濃密鬍鬚的日子早點到來。

內心期望的是哪一種「樂」呢？

聊完「自己的弱點」後，我想順便介紹另外一段小故事，在那個故事中，我和軟弱的自己有了正面的接觸。

時值決定從 RECRUIT 集團跳槽到保德信人壽的期間。由於過去一直是個上班族，有穩定、固定的收入，因此，在要踏入一個完全佣金制、類似個人事業的職業世界時，一切都只能用不安來形容。

我會不會在最後從那些艱苦中逃離呢？

不行，我現在已經無路可逃了。

但是，可能還是會逃開吧……。

我就是像這樣來回地思考這些事。

正因為瞭解「軟弱的自己」會從艱困中逃跑，才會不斷湧現那種深不見底的不安感……。

當時，有一位在前一項工作中認識的書法家客戶，他特地寫了一幅字送給當時的我。

「要選擇輕鬆的快樂還是真正的快樂？」

輕鬆的快樂是指**逃離艱辛環境後所獲得的快樂**。

至於**真正的快樂**，則是**必須在克服艱困後才能獲得的快樂**。

「不可追求輕鬆的快樂，必須以真正的快樂為目標才行。」這句話成了我自己的座右銘。

15年過去了，至今我在公司的辦公桌旁，依舊掛著這幅字。

正因為瞭解自己傾向於追求輕鬆的工作，因此這幅字就成了我自己的觀念及行為的指導方針。

不過，基本上，任何人都是屬於會去追求輕鬆快樂的生物。

而且，我們也知道那樣是不對的。因此，在感到迷惘、挫折時，就應該以這樣的座右銘為支柱，幫助自己面對艱困，並以達到真正的快樂為目標。

如前所述，我屬於軟弱的人，相信大家亦是如此。而正因為大家都一樣，所以大可以放心表現出懦弱的糗樣。

總之，認同軟弱的自己，接受出糗的自己，並以背水一戰的態度解決問題，這才是重要的。

不論住家離公司多近，絕對不會直接回家

日本保德信人壽的辦公室裡有一塊白板可以填寫業務員（公司內稱為「壽險顧問」）的預定行程。在那個白板上，經常可以看到的一個磁鐵就是「NR」（英語「No Return」的簡稱，代表「不進公司、直接回家」的意思）」。

業務員的基本工作就是拜訪客戶及外出尋找客戶，因此，幾乎沒有人會整天待在公司裡。而且，如果當天要拜訪的最後一位客戶住得很遠，或者要拜訪的地點增加時，有很多業務員都不會再回公司，而會直接回家。因此，公司準備了很多「NR」的磁鐵。

對於這件事，比較令我擔心的是，有越來越多的新人明明才進公司不久，就一直「NR」。**記得我在剛進公司的前2年，不論是在什麼樣的狀況之下，我都不會「NR」，一定會先回公司一趟。**

或許各位會覺得我是一個禁欲主義者，但事實並非如此，其實我只是深知自己的弱點而已。

如前所述，在換工作後的前2年，我是一人獨居在辦公室的附近。

因此，在那2年中，我經常都是過門不入。縱使所有的工作都已經結束，縱使時間已

經很晚了，我一定還是會先回公司一趟後再回家。不論多麼疲憊、身體狀況多糟，我一定會這樣做（……雖然寫得這麼斬釘截鐵，但期間還是有幾次很想直接回家。抱歉。）。

至於現在，我已經幾乎不加班了。甚至在大部分的日子裡，我都是連一步也沒有踏進公司，整天都是在外面尋找客戶。不過，在剛進公司的前2年，就不是如此。

我會這樣做，是有我的理由的。

在剛進公司時，沒有辦法像現在這麼簡單就拿到契約。但是，隔天還是必須去拜訪別的客戶。在那種時候**先回公司一趟，是為了不將沮喪的心情帶回家**。

而且，這裡最糟糕的**並不是沒能和客戶簽訂契約，而是讓那種沮喪的心情不斷延續**。一旦一直維持沮喪的心情，就會陷入無底的深淵。這一點才是最重要的。

不過，如果先回公司一趟，隔天就可以用嶄新的心情和客戶見面。

遭客戶拒絕，在深夜拖著疲累不堪的身心回到公司後，會在那裡看見自己的伙伴。而藉由和某個伙伴聊聊：「今天很不順利耶……」，心情就會變得比較輕鬆。

有時候，還會有伙伴說些鼓勵大家的話，發表獲得大家認同的感想，偶爾可能還會有前輩提供我們珍貴的建議。像這樣和公司內的人談天說地、交換情報後，有時還能直接運用在隔天的工作上。

在晚上的時間，比較容易遇到整日忙碌奔走的前輩，而在這段時間，也比較可以放心和他們攀談。因此，不論是就技術面還是精神面來說，在晚上都可以獲得較大的收穫。

正因為如此，當我看見才剛進公司不久的新人不斷「NR」時，我就會在心裡想：「這樣不會有問題吧？」並開始替他們擔心。不斷外出尋找客戶，導致身心疲累，所以想快點回家休息，或者因為洽談的地點就在住家附近，所以覺得花時間回到位於反方向的公司是在浪費時間……，這些心情我都懂，畢竟現在已經進入一個零加班、追求有效率工作方式的時代了。

但是，不「NR」所能獲得的好處真的很多。

雖說是完全佣金制的業務，但工作絕對不是單靠一人就可以進行的。

如同前面數度所提，人類都是軟弱的。光靠自己一個人，是很難克服艱辛的。

其實我們還是有伙伴，他們和我們擁有相同的使命感及目標，並和我們並肩工作。只

要知道這一點，就足以支撐、鼓勵我們了。

當職場過於忙碌、或者工作對象是客戶時，經常會和公司內部的人疏於溝通。在這種時候，可能就只能藉由回到公司，才能和同事見到面了。

除了同事之外，或許還會有上司及前輩因為關心你為什麼工作到那麼晚而來和你說話。以我個人來說，就有數次因為他們的一句話，使得原先獨自煩惱的事、難以完成的工作等，因而煙消雲散、豁然解決。

我絕非在強迫推銷長時間工作。縱使只是回到公司說一句：「我先下班了！」也好。因為，即便僅僅是如此，也會有伙伴注意到你。

直接回家比回公司還要近，而且明天也要早起……。

特別是在這種時候，更不會「NR」，而是會回公司。以我個人來說，正因為自己很軟弱，才更需要這樣做。

我敢肯定地說，如果自己前2年沒有這樣做，絕對不會有現在的我。

抱持自尊，不如丟掉自尊

如果有人無法承認自己的軟弱，那一定是自尊心在作祟。很遺憾的是，我認為自尊心根本就是空的。

以工作來說，我經常說的一句話就是：「抱持自尊和捨棄自尊是很重要的。」就如字面所示，在工作上「抱持自尊」是指「對自己的工作感到驕傲」。不論是多重要的客戶，只要他們強人所難、不講道理，就要鼓起勇氣斷然糾正。面對理念及價值觀和自己不合的客戶，偶爾也可以嚴正駁斥。雖然這很不容易做到，但其實障礙也沒有那麼高。

那麼，在工作上「捨棄自尊」又是怎麼一回事呢？

其實這就相當困難了。舉例來說，就是**「在換工作後，要完全拋棄在前一項工作中的成功體驗」**，更具體地說，就是**「要在眾人面前宣示：當無法達成業務上的銷售目標時，要把頭髮剃光！」**總之，就是要在無法達成目標時，完全暴露出自己的糗樣。

說到剃光頭，在 2008 年的北京奧運中，那個帥哥投手—達比修有—就因為比賽輸了，率先在當天就把頭髮剃光。

他這樣也是捨棄掉無聊的自尊，與此同時，更令人可以感受到他心中那個更有價值的、真正的自尊。如果在自己心中還存有我所說的「空的自尊」時，就很難做到這一點。

不敢去請教公司內嚴厲的前輩，請他們給予工作上的建議……這種時候也一樣是那個空的自尊在作祟。表面上，自己會將其正當化，解釋為「因為前輩看起來很忙，不好意思打擾他」，但**其實只是害怕對方說：「竟然連那種事也不懂！」，而不敢跨出那一步吧**。

害怕被前輩喝叱，這依然是空的自尊在作祟。相反地，**抱持必定會遭受斥罵的決心，鼓起勇氣跨出那一步的人，才是對工作具有真正自尊的人**。

對於那些抱有「不行，我做不到」的想法的人，我希望他們能檢視自己的內心，看看是否真的做不到。

要捨棄自尊。換句話說，就是**要認同軟弱的自己**。

第4章

我也是從新人做起的。在業務工作上，就是要從頭學起。

任何人都會經歷新人時期，同時也都是在「希望儘早成為能獨當一面的業務員」的想法下，一直努力到現在。

但是，各位知道其實新人時代才是最重要的時期嗎？

我本身一直都很珍惜在新人時代培養成的業務員基礎。

如果沒有當時各種豐富的經驗，就不會有現在的我。

而且，有些失敗或者奇蹟也都必須是在新人時代才可能出現的。

從那些經歷中所學到的教訓，都會成為往後作為一個業務員的寶貴財產。

在這一章中，我將介紹從新人時代的經歷中所學到的各種體驗。

新人時期才能擁有的武器

我在西元1989年成為社會新鮮人。或許還有人記得吧，當時正值泡沫經濟最嚴重的時期，而且，我是在RECRUIT事件（1989年爆發的公務員收賄事件，當時是政界與公職的一大醜聞。）發生後才進公司的。當時和我就讀同一所大學、已經決定要進RECRUIT集團的人，有好幾個都推掉原先的內定資格，改換至其他的一流企業就職。

「我還是沒辦法為了到自己喜歡的公司就職，而讓父母傷心。」

我的一位好朋友也是哭著到別的公司去（回過頭來看現在的社會，會覺得那是一種恩惠）。

但是，等到真正進公司後，才發現RECRUIT事件的影響之大超乎我的想像（其實當初才剛要從學校畢業的我，根本就沒有考慮到影響這件事）。

分配部門後的第3天，我獨自去拜訪一位由前輩轉介給我的客戶。當我打開門，用充滿活力的聲音說：

「我是RECRUIT派來的，我叫川田！」時，

「不要進來！」「我們不希望你們公司的人到這裡來！」我立刻就遭到大聲斥責。

老實說，我當時根本就是丈二金剛──摸不著頭腦。

那樣的待遇不止一次，其中還發生過被門夾著腳說話的情況，甚至還有人作勢要拿煙灰缸丟我。

雖然心想「這下糟糕了」，但因為身旁充滿「我們正在做社會需要的事」的氣氛，所以當時並不會覺得很痛苦。

由於尚無經驗，所以也無從比較，這反而變成一種優點。當時我還能和同期的新人一起分享：「我遇過這種事哦！」，彼此自誇自己的不幸經驗。

記得當時同期的新人中，還有人以為傳真就是讓紙通過電話線，傳到對方手中，於是就說出：「因為已經傳真了，所以企畫書（在電話線裡面）不在我手邊。」這件事直到現在依然是大家酒餘飯後的話題。

晚上的時候，有時會和前輩一起去喝一杯。當時有一位前輩很愛說話，每當他從晚上11點開啟話匣子後，我們就要有「又不能搭電車回家了」的覺悟，而等他說完話後，又會說：「我們去喝一杯吧！」於是，我們會一起喝到半夜2、3點，結果，有好幾次都因此住在那位前輩的家裡。

當時「內衣褲和襯衫都是如何處理的呢？」現在想起來，真覺得很不可思議。

直到如今，我還是很喜歡、以及感謝那樣的RECRUIT。

現在回想起來，當初那種從萬丈深淵往上爬的經歷，對我來說是一段至高無上的經驗。而當初我又是抱持著什麼樣的信念才能爬出萬丈深淵呢？說來，就只有「決心」二字。

在現在的時代，說「決心」這種話可能會覺得很丟臉，但我真的就只有憑藉「決心」而已。

在狂風暴雨般的經歷中度過的新人時期，曾有客戶這樣對我說：

「你們公司發生了那種事，我們才不會在你們的商品上刊登廣告！」

結果當時我就反駁：「難道這個社會不需要我們公司的商品嗎？」，甚至還向客戶嗆說：「總有一天，我一定會讓你跟我做這筆生意！」

RECRUIT的新人時代，光回想就全都是一些令人面紅耳赤的丟臉事，但是，和現在比起來，也未必全部都是不好的事。或許在新人時期，反而能拿到現在拿不到的契約。我相信在這個社會上，一定會有這樣的客戶。

因為**有一種「純粹感」及「決心」是只有新人才會擁有的**。

在新人時期，只要那樣就夠了。

因為那樣，有時候反而會是一種最強大的武器。

再次拜訪要選在「翌日」，而不是「幾天後」

在進 RECRUIT 後的一個禮拜左右，為了進行交接，有一位前輩帶我去拜訪由他負責的學校。到達學校後，我只能和校長打聲招呼，沒有特別說些甚麼話就離開了。「雖然長得很漂亮，但感覺好可怕喔。」這就是我對那位女校長的第一印象。

幾天後，我獨自前往拜訪那位校長。

但是，校長只是一直看著我，一句話也沒說。

為了打破這令人尷尬的沈默狀態，我只好戒慎恐懼地提出一些問題。例如：學校有多少學生、科系的課程安排是什麼樣的感覺等。結果……。

「請你先徹底做好功課後再來，我沒那種閒工夫陪一個一無所知的新人！」

那位校長突然用嚴厲的表情這樣說。

後來我才知道，原來當時公司頻繁地更換負責該所學校的業務員，所以校長感到非常不滿。但是，當時的我只是一個新人，什麼都不知道，所以只能坐立不安地不斷鞠躬道歉。回到公司後，我向上司說明狀況，並表示：「我會先做好功課之後再去拜訪。」結果，我的上司用平淡的口氣對我說：

「喔，我知道了。那你就**明天**再過去吧。」

「什麼？明天？不可能啦。」

「不用再說了，你給我明天去就對了！」

雖然當時感到莫名其妙，但現在回想起來，真的覺得那是一個非常棒的建議。

由於上司是不容分說地下達指示，所以我也只能盡全力看完校內資料等，然後全部塞進頭腦裡，並在隔天再度前往拜訪。

見到校長後，果不出所料，那種令人渾身不安的沈默狀態又開始了。

過了一會兒，原先不知所措的我突然開口了：

「半年之後，我一定會讓您感到改由我來負責是最佳選擇。但在那之前，就請您先忍耐一下。」

我在校長面前展現我最大的誠意，如此斷言。而且當時的我真的有很強大的決心準備付出努力。即使如此，校長還是一直保持沈默。於是，我在說完那句話後，就提早離開了。

回到公司後，那位校長親自打電話給我，她說：

「關於學校經營的事，有一些東西想請你調查一下。」

那通電話令我雀躍不已，我想那位校長是願意給我一次機會了。

於是，我拼命調查，製作出以現在的眼光來看，略顯不成熟的資料，並在收到電話的

「翌日」即帶著資料前往拜訪。就這樣，我抓住了那條獲得信賴的細繩。

當初那位上司給我的莫名其妙的指示，或許只是單純地在測試一個身為新人的我會採取何種行動而已。但是，我一直將其解讀為一種「**依據自己目前的能力，充分思考後再行動**」的訊息。

而當初我所想出的答案就是「**我現在擁有的能力就只有『熱情』而已**」。其實新人不都是這樣的嗎？

當初那件事距今已20年了，但直到現在，每逢過年時，我和那位校長還是會以賀年卡的方式報告彼此的近況。

慢慢融化客戶的心

在進 RECRUIT 後的第3年，我得到一個寶貴的經驗。

那是發生在我到某所學校拉廣告時的事。

見面的負責人只說一句話，那就是：「我們並不打算在 RECRUIT 刊登廣告。」其實這所學校在我們公司非常有名，因為不管是誰到這所學校去，只會得到一種結論，那就是「他們會和我們見面，可是絕對不會給我們契約」。因此，當時沒有一個人願意到這所學校去。

當我第一次去拜訪時，和我見面的那位男士給人一種認真、個性剛硬的感覺。由於他握有廣告等的裁定權，所以可以很清楚地向我表明：「我們不刊登廣告。」

但是，或許是一種直覺吧，我認為那並不表示「不管發生什麼事，我們都絕對不會刊登廣告」的意思。而且，我甚至還對那位男士有一種臭味相投的感覺。當然，那是毫無來由的。

從那次之後，我開始提供一些情報給他們。例如：相同的工科學校的招生狀況、有實施體驗入學活動的學校資訊等。出人意料的是，相當多的負責人並不瞭解外部的狀況。

而對於我提供情報的這件事，也不能說反應良好。

「感謝你提供各種資料給我們，但我們還是不會刊登任何廣告……。」甚至還會得到這樣的回答。不過，從對方那種客氣的回答方式、以及和氣的表情，還是讓人有種莫名的期待。

如果真的不願意刊登廣告，只要二話不說地把人趕走就可以了。但是，他們卻會答應和你見面，也從來不會取消約會。在聽完大致的介紹後，還是會禮貌性地向我道謝。

「他們內心真正的想法到底是什麼呢？」

每當到附近跑業務時，我就會順便去那所學校露個臉。

就這樣，3年過去了。

或許有人會想：「交涉了3年？」但是，只要稍微改變想法，反正也沒有人願意去那裡，就算失敗了，也不會受到任何責備。相較之下，這樣在心情上，反而會比和舊客戶往來還要更輕鬆。而且，我們之間並沒有生意上的關係，所以可以依照自己的狀況安排拜訪。因此，實際去拜訪的頻率大約為2至3個月一次。而且，每當到那附近拜訪客戶時，我都只是事先約定見面時間，然後再順道繞過去拜訪而已。

在那段期間中，我還曾經利用假期參加那所學校舉辦的體驗入學活動。

就如同這所學校準備招收的高中生一樣，我對該校一無所知。因此，如果我能實際參加活動，將體驗到的缺點與優點告知負責人的話，一定會對學校有所助益。

體驗入學真的非常有趣。校方準備了許多好玩的企畫，其他的學生似乎也都玩得很開心。但另一方面，有些老師在課堂上所使用的詞彙太過專業，所以像我這種門外漢就很難聽懂，而且，上課氣氛太過沈悶，學生有時候會比較沒有反應。

幾天後，我誠實地將我的感想總結後轉告負責人，而已經和我非常熟識的負責人也給我這樣的回答：

「會到我們學校來的學生，都是已經具備相當程度的專業用語知識的學生，所以不會有任何問題。至於那種嚴肅的氣氛，則是本校的校風！」

因為意見沒有被採納，所以我有點失望，不過，那位負責人後來去買了一罐咖啡給我，並慰勞我說：「川田先生，還是很謝謝你的意見。」

「……能夠知道一般人的看法，還是可以作為我們的參考。」

當負責人這樣說後，才讓我稍感安慰，慶幸自己多少有點貢獻。

雖然只是一罐咖啡，但那是負責人自掏腰包請我喝的，因此，我深信：「起碼他對我的印象很好」。另外，我想他應該也有意識到我是特別利用週末的時間前來參加活動的。

總之，這時候的我心中只想著要和這位客戶簽訂契約。

在這樣逐步建立關係的過程中，我確實還是會希望對方刊登廣告，但更重要的是，我越來越喜歡那位客戶了。或許這只是單方面的感覺，總之，在我的心中，已經出現一種類似感情的東西了。

到最後，我已經可以用客觀、自然的心情說出：「這所學校這麼優秀，應該利用廣告讓更多人知道」這句話。

而剛好就在那個時候，我第一次拿到那位客戶要刊登廣告的契約。

「什麼！川田先生竟然說服了那個客戶！」

「你到底是什麼用了什麼手段呢？」

雖然這個案件的金額並不大，但確實在公司內部引起了不小的騷動。

由於這絕非一個大案件，所以一直沒有人願意踏進那所學校，而我也才能用這麼長的時間去爭取契約。

如果各位要問現在的我能否做出和以前相同的事，老實說，我一定做不到。

因為那種經歷唯有新人才能做到。

但是，當初所學到的**「重點是要喜歡客戶」**則成為我後來的業務準則。

在簽訂契約後，那位客戶才吐露實言，由於過去負責該校的業務員曾出言不遜，所以他才會做出今後絕對不刊登廣告的決定。

或許那位客戶是特意花3年的時間來觀察我這個人吧。

在保德信人壽面試時，被說：「你有缺點」

「川田先生，身為商業界的人，你有一個很大的缺點。你對周遭的人所抱持的感謝之心是不夠的。你是不是誤以為你是獨自一個人在工作呢？」

在參加保德信人壽的第 2 次面試後幾天，當時的分社長這樣對我說。他的理由是：在我參加面試時，我對於端茶進來給我的女職員沒有說一聲謝謝，也沒有點頭示意。

由於當時我全神貫注在準備面試時應該說的話，以及如何推銷自己，因此那項指責讓我感到驚訝無比。

於是，我想：「啊啊，所以我沒通過（面試）……。」後來，分社長好像又對我說：「不過，川田先生則有這樣的強處…」，但對於後來的話，我已經完全沒有記憶了。

在失望的同時，或許是因為聽到真心話吧，我不禁鬆了一口氣，甚至還覺得「幸好有來參加面試」。

在 RECRUIT 的時代，只要覺得對方有錯，即使是直屬的上司，我也會當場反駁。我的工作很有效率，對身邊的人要求也很高，但是，我對身邊的人卻不夠關心。雖然展現了出色的業績，但身邊的人可能都不太喜歡我吧……。老實說，我曾有這樣的想法（不過，在後來離職的送別會上，我終於知道那是我自己的誤解……）。

就這層意義來說，保德信人壽分社長對我的指摘深深地刺中我的心。不過，每當想到自己在別人眼中原來是那個樣子時，卻又莫名地有如釋重負的感覺。因為過去從未有人那樣指出我的缺點。

「沒有通過面試，不過，我學到了一件很重要的事。」我當時真的是這麼想。

自從踏入社會後，就**很難**像在大學時期找工作時的面試一樣，**得到陌生人對自己的客觀評價**。

話說回來，雖然當時被清楚地指出缺點，但還是通過了面試。

於是，我毫不猶豫地決定換工作。

在前幾章的內容中，雖然介紹了一些看起來很了不起的建議，事實上，當時的我尚未形成一個「自我的軸心」。

由於當時只致力於提高代表業績的數字，所以對其他重要的事是一無所知。

因此，在「能否成長為全新的自己」的期待下，我決定要換工作。

雖然是自己做的決定，但在剛換工作時，還是非常不安，光為了自己的事就忙得不可開交，所以也沒有太大的成長。

不過，後來我認識了許多客戶，也從孩子們的成長過程中感受、學習到許多，因此「自我的軸心」也已經慢慢形成了。

忘掉前一份工作的成功經驗，從頭開始

我以前的工作是去向法人拉廣告。

當時，我們公司在業界是龍頭企業。換句話說，在客戶的選項中，很少會出現不在我們公司刊登廣告的選項。當然我們公司的響亮名稱也是無人不知無人不曉。

相較於此，在人壽業界中，保德信人壽幾乎是默默無聞的。在我剛進公司時，每打50通電話大約只有一個人聽過我們公司的名稱。因此，被拒絕是司空見慣的事。

此外，業務內容也不一樣。

在RECRUIT時代，販售的商品是廣告，只要和客戶簽訂契約，就算抵達終點了。但在保德信人壽，販售的商品則是無法親眼確認的壽險，終點也不是簽訂契約，而是請舊客戶介紹新客戶。換句話說，工作的終點不是契約，而是介紹新客戶。

如同上述，**雖說都是業務，但工作內容和終點是截然不同的**。

因此，**如果直接吸收在前一份工作作為超級業務員的成功經驗，那只會造成阻礙，而不會有任何幫助**。換句話說，必須忘記過去的一切，從頭開始。

第一次向客戶說明產品是我畢生難忘的回憶。

結束為期一個月的研修課程後，我開始尋找客戶，在第2週左右，發生了這樣的事。

我和錄用我的阪本先生一起到前一份工作的後輩家裡去拜訪，那位後輩已經結婚了，而我是要去向他介紹保險商品的內容。

在那之前，不論是研修、或者是初次的拜訪，過程都相當順利，因此，我早就抱著自大的心態，以為「只要用這種感覺去做就行了」（當初完全是不自覺的，而那樣才更可怕）。

我在過去的後輩面前一一說明保險的相關內容，而一切都照公司所教導的進行。但是，在說明的過程中，後輩開始提出問題。而那些問題都是我沒有預想到、且公司也沒有教過我們的問題。

當下，我因無法回答而慌張不已。

當時的我滿臉漲紅，手足無措。

這時候，阪本先生趕緊從旁開口幫忙。

從那一刻起，後輩跟他的夫人就幾乎沒有再看我一眼，只是一直和阪本先生談話。那樣的狀態維持了1個小時以上。

洽談結束了。由於我們是開車去的，所以我打開駕駛座的車門，準備開車。這時候，阪本先生說了一句：「我來開車吧。」他知道我受到了相當大的打擊。

我坐上副駕駛座，反省自己。

這是第一次的商品介紹，沒做好是理所當然的。無法回答後輩的問題也是正常的。所以我並非為此而受打擊。

我是覺得自大地認為「應該會很順利吧」的自己很丟臉。雖然嘴上說著「要將在前一份工作時的成績和成功經驗化為零」，但結果卻自信過度，所以覺得很丟臉。

「過度自信……」換工作後，明明還沒有任何成績，卻有那樣的態度，真的是太丟臉了。

在思緒翻轉的同時，我的眼淚不斷流下來，最後開始低聲啜泣。

阪本先生一句話也沒說，只是默默地開著車。

後來阪本先生說：「今天你先回家吧。」於是當天我就直接回家了。

回到家後，還是覺得很丟臉，而且也很擔心自己能否繼續這份工作，而感到很不安。

隔天早上，我去找阪本先生。

「昨天很謝謝你。」

「從今天開始，我真的會從零開始，一切就麻煩你了。」我緊緊地握住阪本先生伸出的手，和他握手。

就實質的意義來說，我一直認為當天才是我進入保德信人壽後，開始展開業務工作的第一天。

一位單身女性讓我瞭解壽險的價值

某次的洽談讓我真正瞭解了何謂壽險。

某天，我預定要和客戶簽訂一份月繳40萬日幣保險費的個人保險契約。由於我已經拜訪過對方好幾次，所以當天我只是要請他在申請書上簽個名而已。在進入公司的第一年中，那是我第一次準備簽訂那麼高額的契約，所以當天我一大早就開始緊張。

不過，我想在此介紹的並不是那次的洽談。而是在同一天的該行程前，我還約了另外一名單身女性，這就是我想在這一個章節中介紹的故事。

由於後面還有高額契約的約會，所以我帶著緊張的心情去和這位單身女性客戶洽談。對方是一位20歲的女性職員，感覺非常文靜。

我事先為這位女性準備的是500萬日幣的終身保險，加上可以給付住院保險金的保險計畫。換言之，那是一種「可以儲存解約金」的保險，條款內容還附加了，如果不幸住院，每天可以請領5千元日幣的特約條款。

一般來說，如果客戶是單身，就不需要為客戶考慮家人的生活費或教育資金等問題。因此，我為她選擇的組合是可以支付住院給付金的保險，以及萬一不幸死亡時，可以得到

500萬日幣作為喪葬費用的保險。我認為就年輕的單身女性來說，這是很適合的計畫。

女性客戶很滿意這份計畫，還對我說：「我決定要買這個保險！」

但是，她突然問我一個問題。

「那個……我如果因為某些意外不幸提早離開人世的話，我會很擔心我媽媽。我媽媽從小獨力扶養我長大，如果我這個獨生女死掉的話，她就會失去依靠。以這個保險來說，如果我不幸死亡的話，可以領到500萬日幣，可是，那些錢真的足夠負擔我母親往後的生活嗎？」

「您現在是要問令堂生活資金的問題嗎？」

「沒錯。如果有萬一時，我會擔心**我母親每天的生活費是否足夠**。」

聽到這個問題後，我呆了一下。

而最丟臉的是，我到現在才重新將精神集中到眼前的這個洽談上。

為什麼她要買保險呢？

我甚至沒有問過她的理由。

而且，我沒有詳細詢問她的需求，光靠「20歲的單身女性職員」這個條件，就擅自為她決定她的需求，並介紹商品給她。

因此，在詢問她母親的年齡後，我取消掉如果她不幸死亡，可以領取500萬日幣保險金的保險內容，並重新設計保險內容，讓她母親可以在她不幸死亡後，每月領取一筆固定金額的生活費。

當我將新的保險內容向她說明後，她表示：「新的內容比較好」，於是決定換掉原先的保險內容。

如果她不幸較早死亡，那麼她的母親可以每個月領取12萬日幣的生活費直到85歲為止。**比起500萬日圓的補助金，每個月領取12萬日圓的生活費將更有保障**。

那就是她「對母親的照顧之心」。附帶一提，她每個月需繳納的保險費金額為6920日圓。

結果，在進入公司的第1年，在我所簽訂的保險中，保險費最高的契約為月繳40萬日圓，最低的則是月繳6920日圓。而最奇特的是，這最高額和最低額的保險契約都是在同一天簽訂的。

我心想「這一定代表了某種訊息」。我認為這一定是來自上帝的訊息，祂要讓我知道：「保險契約是不分金額大小的哦」。

那位單身女性之所以想買保險，是為了讓自己可以「對母親放心」。換句話說，就是女兒擔心母親的心情，是一種人與人之間的關懷。而透過和這位女性的洽談，終於讓我瞭解到，將這種心情具體化的東西就是壽險。

壽險的價值不在於保險金額的高低，這次的洽談給了我這樣的體會。

在新人研修課程中，當然也有教導我們這一點，但是，當時僅止於腦部的理解而已，並未深深刻畫在心裡。

正因為如此，我才會在和她會面之前，就擅自做出那樣的保險計畫。直到後來接觸到她關心母親的之情時，才算是真正的從根本意義上去瞭解公司教我們的這一項最重要的事。

在不斷重複這類的經驗後，自己心中的「業務觀」也逐漸產生了變化。

過去，我一直以為在業務這項工作中，客戶和自己是站在對立的立場。但是，現在我終於瞭解到那是錯誤的想法。

我開始覺得**起碼在心情上，我也應該坐在客戶的鄰座，以和客戶相同的立場來從事這項工作**。而且，我也開始學會和客戶一起思考如何解決目前的問題點及課題了。

前輩們曾經說過：「在最初的2年，工作內容就是盡量和多一些人見面，將正確的保險觀念傳達給他們。和保險契約金額的高低毫無關係，重點在於多累積洽談的經驗。」

現在我非常瞭解那些話的意思了。

因為，如果沒有和許多人見過面，就無法經歷像前面那種足以改變價值觀的洽談。

如果沒有那些洽談的經歷，就會將保險契約視為支撐自己收入的東西，而變成一個只關心保險金額的業務員。

而我就是像這樣偶然從客戶那邊學習到「工作的意義」及「工作上重要的事」。

老實說，我並非完美的人，雖然已經有自知之明，但每當工作進度不順利、或者擔心業績及報酬等時，那些體驗的優先順位就會在不知不覺中自動後退。而如果相同的狀況不斷持續，自己就無法感受到工作的價值，結果業績也會跟著一落千丈。

那麼，要如何才能再度意識到並取回那些重要的觀念，以避免業績退步呢？

那就一定要等到**客戶讓我們再重新有所體認了**。

在競爭中迷失自我

喪失基本的價值觀，這不僅會出現在新人時期而已。

接下來的故事是發生在我進公司後的第8年，雖然丟臉，還是決定將它說出來。

保德信人壽和國內外的保險公司有幾點不同。

其中一點就是他們的基礎觀念為：保險是愛家人的具體表現，而這個觀念甚至連結到公司內部的評價制度。

具體來說，保德信重視的是以個人為對象的死亡保障保險。

保德信認為，如果家庭的經濟支柱不幸死亡，**照顧死者身後的家人，就是保險的最重要功能**。

在公司業務員的年度冠軍中，有一個獎項叫做「總裁獎盃（President trophy）」，通稱「PT」。只要能在2000位業務員中，獲得最高的業績，就可以獲頒這個獎項。

而先前提到的評價基準也會反映在這個獎項的授與上。以大前提來說，年度的銷售業績必須是最高的，但不論和法人財團等等簽訂了多少高額的保險契約，也不見得能夠得到這個PT。

基於將家庭愛具體化的保險觀念，個人保險的案件必須要達到50件以上。一般來說，都是由業績最好的人得獎，但能如此清楚地反映出企業理念，這一點也是很了不起的。

其實我在進入公司第8年時，曾經和第2度的PT擦身而過。現在回想起來，都是因為我將全副精神都放在競爭上，才會迷失了自我。

雖然有些部分很不好意思寫出來，但對我來說，那是永遠無法忘懷的事，所以我決定還是誠實以對。

PT是依據一整年的成績來爭取的。這時候的我已經進入最後關頭的決勝戰了。所有競爭者都將對方視為敵人，公司內部瀰漫著一股緊張的氣氛，連向身邊的人也都不敢開口說一句話。

就我的感覺來說，唯有堅信自己可以奪得頭銜、堅持到最後的人會受到神的眷顧。我自己就曾經在進入公司第5年時，便受到神的眷顧，實際奪得PT。

在第8年時，我猜想那股神風應該再度吹向我了吧，因此我每天都專心在業務活動上。結果，那股神風真的又吹向我了。譬如，有一位從未介紹過新客戶給我的舊客戶突然聯絡我，「我有一位朋友急著要買保險。」而且，還是好幾年才遇得到一次的大型契約。於是，連我自己都不禁覺得：「這一定是上帝的旨意要我奪下頭銜」。

整體業績能否拔得頭籌，這要依據申請截止日前5天的業績來判斷。這時候，我突然發現我在個人保險部分的契約只有27件，尚未符合條件需要的50件。因此，我開始思考「在剩下的5天中，我要如何取得23件個人保險的契約」。

最後我決定不開發新的客戶，而轉向舊客戶請託，在向他們說明爭取獎項的狀況後，請他們以追加的方式購買個人保險。最後，我終於達到了50件個人保險的條件。

在支持我的客戶中，甚至有人對我說：「如果你拿到冠軍，我一定要去頒獎典禮上聽你演講。」總之，這次的爭奪戰已經演變成一個大事件，甚至連客戶都一起被捲入其中了。

但是，在總結營業數字後，公司方面卻對我提出了「質疑」。

「花了1年的時間才取得27件個人保險，這個業務員竟然能在剩下的5天內取得23件新契約？光看保險內容，令人懷疑那真的是需求銷售（Needs Sales）嗎？」

這就是令公司懷疑之處。

那真的是需求銷售嗎？這項指責令我啞口無言。**所謂的需求銷售，就是指提供客戶真正需要的商品。**

公司方面提出的質疑就是，那23件契約是否確實為基於家庭愛而將之具體化的保險觀念？還只是川田想取得PT，而拜託舊客戶購買保險，以達成取得50件個人保險的條件呢？

基於這個質疑，最後我並沒有爭取到PT。

當時，由於辜負舊客戶對我的期待，讓我覺得很對不起他們，同時，我也非常不能接受公司的判斷。

於是，我直接去找社長談話，並堅持那些契約都是需求銷售。

現在回想起來，只能用丟臉來形容。總之，我當時是完全迷失了自我。

壽險應立足於家庭愛的基礎上，貫徹這項理念的公司所做出的判斷當然是正確的。附帶一提，當年獲得PT認定的是和我同年的同事。

他確實是PT的最適合人選，也足以作為公司的代表。

在該事件結束後幾天，某位客戶這樣對我說：

「川田先生，把動機放在金錢與排名上是有其限制的。但是，受人喜愛、讓人感動則

是沒有極限的哦。」

幾天後，我帶著保險單去給一位客戶，他為了支援我成為ＰＴ，也豪爽地向我購買了高額的保險。

正因為他大力的支援，所以我更覺得過意不去，而專程向他鄭重道歉。

結果，那位客戶問我：「川田先生，你有空嗎？」，邀請我到他住家附近的海邊去散步。

「你知道美國大聯盟紐約洋基隊的棒球選手基特（Derek Sanderson Jeter）嗎？」

他突然問我這個問題。由於我到大學畢業前，每天的生活都和足球有關，所以雖然聽過那位選手的名字，但對於職棒大聯盟選手則不是那麼熟悉。

據那位客戶所說，基特是洋基隊的游擊手，也是主將，每當他跑上二壘後，只要下一名打者擊出安打，他一定會越過三壘，直接衝向本壘。不論在該場比賽中，自己的球隊是以0比1落後，還是以10比0領先，他都不會去管比賽狀況及得分差距，總之就是要衝回本壘。

如果要優先考量他的個人成績、收入、或者在球隊內的評價，這樣的行為根本就是有勇無謀。因為他很有可能因為球飛出去的方向或力道等而在本壘前就被封殺出局。

那麼，為什麼他那麼堅持一定要衝回本壘呢？據說是每當他跑上二壘後，看台的觀眾就會全部一齊站起來。那些站起來的人都非常期待基特衝回本壘，不論是敵我雙方的觀眾，似乎都會一起發出「喔～！」的巨大歡呼聲。而且，不只是球場上的觀眾而已，全美國坐在電視機前的棒球迷也都會異常興奮，一直等待那個畫面出現。

「基特非常瞭解那些球迷的期待。因此，雖然他知道很有可能在本壘前被判出局，而勉強衝回本壘也很可能導致受傷，但他還是會往本壘衝。這就是因為他把讓棒球迷感動這件事放在第一順位。因此，川田先生，這次的經歷就是在告訴你，以後不需要再去追逐公司內的這類排名了。」

確實如此，「保德信的PT不過就是〇〇年度的業務冠軍罷了」，只要踏出公司一步，那就和任何人都沒有關係了。

不僅無法帶給任何人感動，也不能幫助任何人。反而會像這次一樣，讓自己的客戶因此購買不符合個人需求的保險。

要是一心只追逐眼前的排名及數字，一切就完了。在我理解這一點的瞬間，我除了對這樣的自己感到羞恥，同時也覺得心情頓時變輕鬆了。

當時在海邊散步的情景、以及那位客戶穩重的說話方式及臉龐，至今依然清晰地刻印在我的腦海中。

「讓別人感動、讓自己感動，這些是沒有極限的。因此，你今後也要以此為基準去從事你的工作，這就是這次事件所代表的意義。」

客戶這樣說。

對業務員來說，能有這樣的經驗是非常幸運的。

透過工作認識這樣的客戶，而且還直接教導我個人所不足的部分，這些都可以說是作為業務員的醍醐味。

當時儘管我努力克制，但眼淚還是差一點流下來。由於我獲得了他的協助，但卻不幸因此背叛他的期待，即使如此，他還是用溫暖的話語來勉勵我，這讓我不僅感到非常抱歉，同時也非常感謝。爬格子的此時此刻，想到當時的種種，我的眼眶又不禁熱了起來。

其實在那一天，還有另外一個讓我無法忘懷的場景。

當天在我回到離家最近的車站時，天空正下著雨。因此，我請內人開車來接我。在從住家的停車場搭電梯上樓時，我對內人這樣說：

「關於這次的ＰＴ，我仔細想了想，其實得獎並沒什麼大不了的。今天有位先生也是這樣對我說。所以，就結果來說，或許也算是不錯的吧。」

結果，內人突然在電梯裡面哭了起來。

原來是在勝負揭曉前的一個月內，我表現出來的樣子明顯不一樣，雖然內人沒有說出來，但她卻是相當地擔心，她很怕我會因此變得精神異常。

正因為如此，才會在聽到我說：「就結果來說，或許也算是不錯的吧」時，比我自己更有如釋重負的感覺，而眼淚才會忍不住掉下來。

在那一刻，我再度體會到我甚至讓家人都捲入了這場戰爭中。

迷失的程度真的是太深了吧。

仔細回想起來，當我知道無法爭取到ＰＴ時，我就立刻告訴我的孩子，而還在就讀小學的他們也當場哭了出來。但是，當場我對這種異常的景象並沒有表現出任何反應。後來當意識到這一點時，我的背脊不禁涼了起來。

這時候，在我的心裡形成了一項工作基準。

那就是不可以因為自己的個人情況而影響到客戶、家人，以及身邊的人。

到了將近40歲才體認到這一點，雖然很難為情，但卻是一個很好的經驗。

最初的目標不妨設定為「出人頭地」及「賺錢」

聽說最近的年輕人傾向於在新人時期，就開始追求工作的價值。那決不是一件壞事，而是一件非常了不起的事。

但是，**我想大膽傳達一個想法。那就是一個業務員的最初目標不妨設定為「出人頭地」及「賺錢」**。

因為唯有那樣，才可以**在感到艱辛時，努力克服**。

其實當初在面試時，我表示自己之所以會離開 RECRUIT，進入保德信人壽，首要理由就是我想改變壽險業界。

第二個理由就是，我想測試自己的能力在完全實力主義的世界中是否通用。

而第三個理由就是我想賺錢。

「錢」被我擺在第三位。

但是，我現在可以老實說了。

其實當時的首要理由是「我想賺錢」。

為什麼我現在敢老實說出來了呢？

因為我現在終於瞭解，在工作上，最重要的並不是「地位」及「金錢」。認識各種人、從他們身上獲得的感動以及學到的東西，已經成為我人生中無可取代的「人生財產」。

而我也希望能將那些財產或多或少地傳授給我的孩子及下一個世代的人們。

但是，這些並不是起初我所追求的。

剛起步時，我一心只想著要提高業績，而不顧一切地魯莽前進。

以我個人來說，**我都是把那些艱辛視為「對自己的磨練」，才能一路克服**。

而正因為有過那樣的時期，我才有幸蒙受許多「緣分」的恩惠，並逐漸成長為現在的自己。

為了讓大家也可以獲得美妙的「人生財產」，並傳授給後代，希望各位在初期就要拋掉裝模作樣，誠實地「為自己」、「為賺錢」努力工作。

第5章

所謂業務，是一種和客戶共同編織故事的工作

業務這種工作，什麼地方最有趣呢？

我認為是「認識各式各樣的人」。

而且，不單只是認識而已、也不只是販賣商品而已，而是可以更進一步與客戶共同編織故事。當自己確實出現在那個故事中，且可以從中獲得某種感受時，就會打從心底覺得「業務這項工作真有趣！」。

從客戶和業務員之間的「故事」中，到底會出現什麼呢？衷心希望各位可以從本章節中有些許感受。

隱藏在業務手冊中的真正含意

以業務為主的公司，大多有公司事先準備的業務手冊。而保德信人壽不例外，也有一本稱為「藍皮書」的業務手冊。

在剛進公司時，最令我訝異的就是這本「藍皮書」。

在剛進公司的1個月，我們都是以這個「藍皮書」為課本，在分社長的解說下，進行密集的業務研習課程。

在閱讀藍皮書的過程中，會不斷產生「原來如此，所以當時的洽談才會不順利啊」或者「難怪當時會失敗啊」之類的想法，總之，我學會了分析自己在前一項工作時的洽談狀況。

我心想「如果以前就有這本手冊，業績應該會更好吧。」

換工作後，我曾經接受RECRUIT集團內部報導的採訪，當時訪問的內容是：「RECRUIT的前優秀員工從第三者的角度看 RECRUIT」（一個公司的內部報導可以做這樣的特集，這也表示 RECRUIT 真的是一家非常優秀的公司）。

當時，我說了這樣的話：

「業務想要販售商品，必須具備三種能力。

一種是商品能力、一種是業務能力、另一種是人際能力。

當我還在 RECRUIT 時，我一直認為 RECRUIT 是一家擅長業務能力的公司，但那是錯的。其實 RECRUIT 是一家長於商品能力與人際能力的公司，業務能力相當於零。因為 RECRUIT 的業務能力分屬於個人，而且教導方式會因對象而異。其實現在回想起來，當時有很多人都曾經對我說過相同的話，但在新人時期，我是完全聽不懂的。

如果能夠編輯一本以更共通的詞彙讓所有員工共享的業務手冊，且教育組織更為整合的話，RECRUIT 的業務成績應該會更好。

但是，RECRUIT 最擅長的人際能力則不是教育能指導出來的。從這個角度看來，RECRUIT 還是一間很了不起的公司。

總而言之，RECRUIT 的每一位業務都具備以個人感覺進行業務的能力，但公司本身則不具備培育的組織規章（話說回來，像 RECRUIT 這種不斷開發新事業的公司，沒有指導手冊或許反而比較好吧……）。

那麼，業務手冊到底是什麼樣的東西呢？

在前陣子的商業雜誌上，曾有關於業務手冊的特集。上面寫著一些類似「像這樣煽動客戶的不安情緒，好讓他們簽訂契約」、或者「要像這樣讓客戶願意簽訂契約」之類的內容。

在閱讀的過程中，我不禁有種格格不入的感覺。

或許是從事業務工作的人本身也有所誤解了吧。

為什麼我會有這種奇怪的感覺呢？

因為我認為所謂的業務手冊，**並不是「教導我們如何和客戶簽訂契約」，而是「教導我們如何讓客戶更容易理解商品的必要性及內容」**。

簡單來說，這裡面的差異在於主角究竟是賣方還是買方。表面上兩者似乎很雷同，但其實有很大的差異。

此外，我想向負責教育業務員的人員提出一個強烈的訴求，那就是業務教育的目的是為了客戶，而不是為了業務員的業績。

我希望各位能再度認知到，雖然最終結果都是簽訂契約，達到業績，但那終究只能納入**「客戶滿意後所產生的副產物」**。

我希望各位能以「為了幫助客戶而閱讀」的心態，去閱讀業務手冊及先前提到的那類

雜誌。

如此一來，應該會產生完全不同於以往的體會。

總而言之，一個不斷尋找如何說服客戶技巧的業務員、以及一個只考慮如何才能簽訂契約並以此指導下屬的上司，他們的業務工作是無法長久的。

「話說得那麼好聽！結果還不是一樣！」或許有很多人會這麼說。

沒錯。結果可能是相同的，但是，將相關書籍拿在手上時，是以什麼樣的心態閱讀的呢？要如何和初次見面的客戶打招呼呢？要如何進行洽談呢？這些都會有完全不同的發展。

因為就如同前面所述，**客戶是感受氣氛的天才**。

或許那些正為了業務這項工作而煩惱的人，就是遇到了這類問題吧。

我個人也想提升業績，偶爾也會出現只考慮到自己的一面。況且我們是以完全佣金制的方式工作，就更容易陷入這樣的態度。但是，**正因為如此，我們才更需要刻意站在客戶的立場去思考。**

我在保德信人壽的新人時期，曾經學過這樣的作法。

「每當要到客戶家去介紹商品時，請先將手放在玄關大門上，並在唸誦『今天我說的話將完全以你們為中心，請理解這一點』之後，再按門鈴。」

我認為這項訊息傳送的對象並不是客戶，而是自己。

或許看起來很蠢，但是，**業務員本來就是非常容易變成自我中心的人**。

因此，大家才會那麼自然、直接地接受有前述觀點的雜誌內容，並且在不知不覺中，只關心自己而變得麻木不仁。

我認為許多雜誌編輯和製作業務手冊的人都已經對此麻痺，或有所誤解。

閱讀業務手冊、向前輩請教業務問題、和上司商量業務問題、與客戶接觸，這些時候，請務必再次重新檢視自己所站立的位置。

絕對不可以忘記這一點，而這也是我對我自己的提醒。

業務員和客戶的想法有很大的差異

前面數度提起，業務員的競爭對手不是同業的其他公司，而是圍繞在客戶身旁的所有業務員。在這一節中，我想來談談客戶和業務員的想法有多大的差異。

每當和企業主談論法人保險的問題時，就會出現顯著的差異。

在我們這些業務員的腦海中，當然只會想到賣保險這件事。在工作時，100％只想著保險，就某種意義來說，這是非常正確的態度。

但是，接受我們拜訪的那些客戶想的就和我們完全不同了。

即使是和保險業務會面，在那些企業主的腦海裡，頂多只對保險有20％的興趣而已。其他大部分的空間裡，裝的都是公司的營業額、資金周轉、或者如何提升員工的工作動機等問題。**如果彼此關心的問題不一樣，對話就無法成立**。

舉例來說，去電器量販店購物時，顧客和店員所說的話就很難有共識。因為顧客的目的是去購買電器，而店員的目的則是銷售電器。

思考資金周轉問題的企業主和銀行員的關係也是如此。

而壽險就更麻煩了。

如前所述，許多買家與賣家所關心的問題經常是風馬牛不相及的。

而許多業務員就是沒有看清這一點，才無法將商品賣出。

因此，**我們必須確實站在對方的立場，並以客戶對保險只有20％（或許只有5％也說不定）的興趣為前提下進行談話。**或者是換個想法，**讓客戶覺得我們會對他正在思考的問題提出某些好建議，如此客戶就會想和我們說話了。**

所謂的好建議，當然大多都屬於其他80％的相關內容。

為了能夠配合客戶關心的事，建議各位在和客戶接觸時，應該偶爾從工作中抽離出來。

提升業績確實很重要，也是一件刺激、有趣的事。

但事實上，**業務有趣的地方有一半是在於和客戶之間的關係**。

而大部分能因為工作「在人格上有所成長」的，也是因為和客戶之間的關係。

因此，誠摯推薦各位能夠稍微從工作抽離，「編織一個屬於客戶和自己之間的故事」。

第一次拜訪要讓自己完全放空，空手前往

當第一次拜訪的對象是企業主時，最基本的作法就是不要帶任何資料，要兩手空空前往拜訪。

這裡的兩手空空並非指什麼東西都不要帶去（其實我有時候是真的什麼都沒有帶……），而是指完全不要想「我要談論保險的問題哦～！」這件事。雖然我會帶公事包，但裡面不會裝任何相關資料，頂多只有放白紙而已。

「企業主的行程那麼緊湊，好不容易才敲定的時間竟然不做任何商品說明，真是令人難以置信！」或許很多人會這麼想。其實，有很多企業主在看到我沒有將商品手冊、公司介紹等拿出來排在桌上時，也感到很意外。

這是因為我在第一次的拜訪中，比較重視的是全神貫注地仔細觀察那家公司的每一個角落。我要盡量迅速、確實地掌握該公司所散發出來的「情報」。對我來說，這比勤快地閱讀多份報紙或商業書籍，將其作為聊天的話題還要重要。

如果要再說得具體一點，舉例來說，當一走進那家公司，就要看看公司裡有沒有掛著前一代企業主的照片？業務部門裡貼的是什麼口號、或者有沒有貼業績表？員工對我這個

拜訪者的態度如何？是客氣地問候，還是相當隨便？職場裡是否充滿著霸氣？打掃工作確實嗎？有什麼引人興趣的地方？真要說起來，是說不完的。但大致上有以上這些重點需要觀察一下。

這句話似乎有些多餘，總之，公司裡面一定聚集了員工等許多人。

那麼，裡面是什麼樣的人在工作？而公司風氣如何？再者，辦公室裡面隨處都可以看見企業主的哲學及堅持。沒錯，所謂公司，就是一個裝滿了企業主的堅持、想法、煩惱的寶庫。而那些就是我所謂的「業務種子」，是我寶貴的情報來源（這已經是離開保險很遠的想法了）。

不論業績好壞，所有企業主都一定有著某些煩惱。那些煩惱可能是如何提升營業能力的品質，可能是如何有效培育年輕職員或繼承人等，問題會因公司而異。但舉凡從公司內部張貼的口號及員工對拜訪者的態度等，都可以窺見企業主的煩惱及其意識到的問題。

不過，有時候在觀察公司內部後，還是很難找到「業務種子」。這時，就得**和企業主會面，從其言談中尋找業務種子**。有時候，甚至還可以從企業主的話裡找出某種與「種子」有關連的東西。總而言之，**比較起來，說明自家公司的商品手冊及公司介紹，還不如尋找「種子」的時間反而更為重要**。

如果直覺到某種東西與企業主的煩惱有關，我也會迂迴地詢問。如此一來，企業主可能會因為我看似無心的一句話，開始大略說明他的煩惱。而對初次見面的人來說，這就是一種徵兆，代表自己在企業主的心中，已經有一個微小的信賴感開始萌芽了。

總歸一句話，**自己能否真的幫助到眼前的客戶（企業主與公司兩者）**？抱持這樣的想法和客戶接觸是最重要的。

客戶「真正感興趣的地方」在哪裡？

前面曾提到，**在企業主的頭腦裡，想的不是保險，而是公司的營業額及資金周轉、或者應該如何提昇員工的工作動機等問題。**因此，只要我們能夠從這些地方著手，說些話來暗示企業主，企業主可能就會願意聽我們說話了。那麼，什麼樣的話可以讓企業主因此有所啟發呢？

以我來說，幸好母公司是擁有超過130年歷史的保險公司，所以公司裡充滿著所有企業主都想知道的智慧。

其實先**從這樣的觀點去看自己的公司是很重要的**。

舉例來說，保德信人壽有一種叫做「核心價值」的東西。

而這種核心價值並不僅僅是工作於保德信人壽的商業人士所擁有的，而是所有人類共通的、刻畫在內心的一種類似箴言般的東西。

每當我向拜訪的企業主提起這個時，有很多人都對此表現出興趣盎然的樣子。

保德信人壽基於下列4項觀點，建立了一個核心價值。

①值得信賴
②將焦點放在客戶身上
③彼此互相尊敬
④贏勝利

公司內部每年都會針對這4項，舉辦數次「集體研討」。研討時，大約以5人為一組，並由每人針對這4項觀念寫出各自的想法並進行討論。

舉例來說，

進行①「值得信賴」這個主題時，就提出：

「提前5分鐘到達與客戶約定的地點」或者**「學習專業知識」**等。

如果是②「將焦點放在客戶身上」，就提出：

「如果客戶打電話來，必須在1個小時內回電」或**「仔細聽對方說話」**等。

如果是③「彼此互相尊敬」，就提出：

「打招呼要有精神」或**「重視家人」**等。

如果是④「贏勝利」，就提出：

「達成目標」或**「每天早上6點起床跑步」**等。

像這樣各自發揮主題，寫出符合主題的行動方針後，放在桌上。

身為一個社會人，可以有時間偶爾停下腳步，思考自己的行為方針，這不論是在員工倫理方面及相互關心的意義上，都是很重要的。

每當我將這件事告知企業主及幹部等時，他們都會發出「原來如此啊！」的讚嘆聲，並與自己的公司相互比較，將其作為經營的建議而擁有濃厚興趣。

而這些話也會讓客戶對川田修這個人留下「那個業務員說了一件很有意思的事」的印象。

「但是，我也想介紹商品啊。」我似乎可以聽見這個聲音。

其實我自己也有這樣的想法。

但是，不要緊，因為就算你沒有介紹商品，客戶還是知道你是業務員。

當對方認真時，就不要說奉承話

「我想讓我兒子擔任公司的幹部，你覺得怎麼樣？」

曾經有一位企業主這樣問我。

那位先生已經是我的客戶，我們之間已建立起某種程度的信賴關係。單就問題而言，和我的業務是毫無關連的，但是，客戶當時的需求才是我最重視的。

客戶的公子當時30歲，很努力在經營一家餐廳，而且那家餐廳也相當受歡迎。但是，站在父親的立場，總是希望讓自己的兒子繼承公司。因此，客戶希望趁他兒子還未太深入餐飲業時，趕緊讓他進公司。而且，還想要讓他以幹部的身份進入。

他的這個煩惱對員工和同業都說不出口。

這種「正經八百的商量」並非隨時隨地都可以和任何人提起的。

如果是擅長奉承的業務員，大概會說：

「不愧是社長，這樣的人事安排非常大膽。既然是社長的公子，一定非常優秀，所以一定不會有問題的。」

像這樣隨便附和幾句，然後就結束了話題。

但是，我不會說那樣的奉承話，也說不出口。

既然客戶對我提出那種難以啟齒的煩惱，我就不能辜負客戶的信賴。

「令公子才30歲的話，暫時還是讓他繼續在餐廳的經營上打拼一陣子，這樣應該比較好吧。」

我坦白地說出我的看法。即使這和對方的想法不同，但那終究是我的誠意。我一定要讓對方感受到這一點。

我自己曾經換過一次工作。在30歲時，我換到了目前的公司。在我拼命工作、留下優秀成績的數年後，我自己終於也有了「啊啊，我也變成熟了」的感受。當然，這些都要歸功於那無數次的失敗與成功的經驗。最後，我還舉我自己的故事為例。「雖然目前餐廳的經營很順利，但或許有一天，會遇到艱困的時期。屆時那些磨難一定會讓您的公子也隨之成長。而在將來他繼承公司後，一定會遇到可以運用那些經驗的狀況。但如果您非常希望現在就讓他進公司的話，最好不要一下子就讓他擔任幹部，而要從基層工作開始學起，以長遠的眼光來看，我認為這樣會比較好。」

縱使和本來的業務無關，但只要企業主有需求，即使自己的經驗不是那麼豐富，也必須坦白說出自己的意見。況且對方是「認真在和我們商量」，所以就更應該那麼做了。

「不過，在那之前，社長必須要保重身體才行，記得要控制飲酒量喔。」最後，我還多加了這一句話。

應該說的話，就要毫無畏懼地率直說出

有一次拜訪完某位法人客戶回到公司後，那家公司的社長打電話過來。

「你是不是把鑰匙丟在這裡了？」他問。

實際上，我那時候正在找家裡的鑰匙。

「非常抱歉，我現在馬上過去拿。」說完後，我立刻回到那家公司。

抵達後，我看到我的鑰匙被放在一條可能是社長的手帕上，然後社長把鑰匙遞給了我。

我心想：「為什麼要大費周章，特地放在手帕上呢？」於是我誠惶誠恐地說：「謝謝您還那樣妥善保管。但不知道鑰匙是在哪裡找到的？」

「掉在社長室的廁所裡了。」

「什麼！掉在廁所的哪裡？」

「當然是馬桶裡啊。」

（馬桶裡！手帕上！不會吧！）

沒錯，就是掉在馬桶裡面。

換句話說，手帕並不是為了禮貌才拿來用的，而是非得放在上面才行。

「對不起！」（等一下！到底是誰從馬桶裡撿起來的呢？）

這時候，社長好像察覺到我內心的想法，便說了一句：「是我撿起來的。」

當時我已經不知道是難為情還是感到抱歉了，只能數度鞠躬說：「真的非常抱歉。」

相較於我的窘狀，社長則是半帶玩笑地說：「哎呀，這樣就可以把好運（日文的「運」與「糞」同音）傳給你和你的鑰匙了。」我感覺挨了一記悶棍。

「哎呀，川田先生，不要把這種事放在心上啦。你以前也給了我很多寶貴的意見啊。就像前陣子，你不也是很老實地指出我很沒精神嗎。」

社長突然這樣說。

那是在以前去拜訪那位社長時所發生的事情。在當時經營狀況不太好，社長問我說：「你覺得我們公司怎麼樣？」當時，我的回答是：「我可以說出我的一個想法嗎？」在確認對方願意聽後，我就開始自以為是地說了起來：「我對經營一點都不懂，說這些話似乎非常失禮，但是，我覺得社長您很沒有精神。我覺得一旦社長沒有精神，公司員工也一定會變得死氣沈沈的。社長保持有活力的狀態，這樣應該也會讓員工們更有自信。」

我決定站在社長的立場，坦率地說出我的看法。這是因為我覺得「就算說出那種話，眼前的這位社長也絕對不會生氣，反而會期望聽到這些話。」

如果是普通的業務員，絕對不會說出這種話來。但是，當時的對話強化了我和社長之間的關係，也才會發生後來放在手帕上的鑰匙的事件。

從和這類企業主的對話中，我可以感受到經營一家公司是多麼辛苦，辛苦到要讓社長來問我這個年輕人：「你覺得怎麼樣？」或許我自己的父親以前在經營小公司時，也經常詢問在公司出入的人這種問題吧。

暴風雪中的一句話

「川田先生，我希望你能幫我父母評估一下保險的問題。」

十幾年前，有一位客戶打了一通這樣的電話給我。

由於我們都是靠客戶介紹在工作，所以經常會接到這類電話。

而能接到這類電話，就證明了我們曾經完成過一件好工作，並獲得了客戶的信賴。

「電話號碼是0155……。」（這是哪裡啊？）

問清楚後，原來是在北海道的帶廣市。

「我會出飛機票的錢，可以麻煩你跑一趟嗎？」

既然對方都這麼說了，我就不可能不跑這一趟了。

「我一定會去拜訪的，而飛機票的費用我也會自己出！」

就這樣，我在1998年的12月，抵達了十勝的帶廣機場。

從機場搭上巴士，然後轉搭計程車，最後抵達那位客戶的老家。

沿途的雪景很美，我初次體驗到「大雪紛飛」這句話的意思。

進屋後，眼前出現一位表情嚴肅的人，令人不禁望而生畏。其實那位先生就是我這次要來拜訪的客戶父親。這樣的氣氛和我預期的完全不同（接下來，將稱那位先生為M先生）。

我原先以為只要抵達目的地後，M先生就會說些「麻煩你特別跑一趟，真不好意思」、「原來是這樣啊，我瞭解了，那我要參加這個保險」的對話，工作也會進行得很順利。雖然我不該有先入為主的想法，但我還是隱約地感覺到M先生的敵意。

「抱歉，因為我很討厭保險。」（我都來到這裡了，那這到底是怎麼一回事呢？）

不過，冷靜思考後，其實在東京和客戶談話時，這樣的情況也是家常便飯。

因此，我重新調整心情，並從頭開始介紹。

不過，別以為只要認真介紹，一切就會很順利了。當時情況就跟俗話常說的「未審先判」一樣。正因為M先生夫妻過去從未認真聽過有關壽險的介紹，所以，我必須讓他們清楚瞭解保險的必要性與內容。不過，費了一番功夫之後，這對夫妻最後終於還是成為我的客戶了。

不僅如此，M先生後來還聯絡我，表示：「我希望你也能跟我的朋友介紹一下，所以下次你要來的時候，請先安排出1個小時的時間。」就這樣，幾天後，M先生找了許多朋友到他家，讓我有機會可以跟他們介紹保險。

後來，透過一層一層的朋友關係介紹，讓我目前在帶廣的個人及法人客戶已經將近有100位了。

這件事情過了1、2年之後，我現在只要想到，就一定會到帶廣去一趟。除了和客戶有約之外，和M先生會面、一起用餐也是一件很開心的事。

M先生經常會問我：「你今天工作要到幾點？」然後就一直空著肚子等我一起用餐。由於我的工作經常都要到晚上10點、11點才會結束，所以我們都是在那之後才去用餐，接著在M先生的房間聊到半夜2點左右，我才回旅館。

我和M先生真的是無話不說，從以前的戀愛史到政治、生活方式，甚至是不會對家人談起的事，總之，不論是多麼微不足道的事，只要是和M先生一起談，就會覺得很開心。

有一天，我必須在暴風雪中到士幌（離帶廣約40公里的地方）工作。M先生說：「對東京人來說，這樣的暴風雪太危險了。」於是他便開車載我過去。士幌一帶本來就很偏僻，連平常都沒有路燈，當天更因暴風雪的關係，讓我們完全如陷入五里霧中。

「那我就在車上等你，你不必擔心我，好好去工作吧。」到達後我下了車，M先生就留在車上等我。

那次商談出乎意料的久，一直談到客戶當場簽訂契約才完成，大概花了有3個小時吧。

我走出門外，風雪大到根本就看不見車子，雪深到連車輪都不見了。我嚇了一跳，擔心地敲敲窗戶，還好看見M先生正笑著看我。

「怎麼樣？還順利嗎？」這是M先生對我說的第一句話。

就這樣，我們兩個人在暴風雪中清除汽車四周的雪後，便驅車離開客戶的家。

離開後，暴風雪越來越嚴重，視線真的是只到前方2、3公尺的地方，其他如道路的路肩、有無對向來車等，根本就看不見，車燈完全無用武之地，連自己是否行駛在道路上也可以說根本不知道。車子越往前進，我越害怕，於是我擔心地問：

「如果就這樣掉到路肩下面去，大概會在沒人發現的狀況下死掉吧？」

「大概吧，可能會死哦。」M先生回答。

此事過了一陣子後，我又向M先生確認了一次，當時他真的是覺得「情況很糟」。

於是我問他：「為什麼在那麼危險的時候，你還要陪我去呢？」

「這個嘛，大概是因為我很喜歡你吧。」他回了我這一句話。

當時我一句話都說不出來。

一個在數年前還是住在陌生遙遠地區的人，卻因為某種緣分，在暴風雪隨時可能遭遇意外的狀況中，說他只是因為「喜歡」我這個人。

這真是叫人無法想像。

當時，我心裡湧現這樣的想法。「如果是我，我能做到這種程度嗎？」「能認識這樣的人，真是太幸福了。以後只要他對我提出任何要求，我都一定會設法回應。」

這個故事只是發生在我和M先生之間的眾多小插曲之一。

我現在依然持續從M先生身上學習許多事情，並獲得許多心得。

M先生至今依然是我的「好朋友」。

對於相差20歲的長輩來說，這樣的話可能很失禮，但這應該是最適合用來描述我們的關係的一個詞彙了。

書籍不只是內容而已，也要傳達心情

誠如我在書的開頭所述，雖然很丟臉，但我幾乎是不看書的。而不看書的我，有一次竟然手上拿著一本野口嘉則先生的書《鏡的法則》。聽說這是「讓九成讀者都流下眼淚的、感人肺腑的故事」，且在數年前還曾經榮登暢銷排行榜。

「川田先生，你這是怎麼了？竟然在看書啊。」一位熟知我的後輩甚至脫口說出這種有點諷刺的話來。

其實我會看這本書，在於有一次某個深夜的電視節目在討論一個專題，題目是「在《鏡的法則》這本書中，寫著九成讀者都哭了，這是真的嗎？」。因此，在「如果連職業女子摔角手『美洲豹橫田』看了也會哭的話，就可以斷定有九成讀者的確都會哭」在這個奇怪的理由下，請該職業女子摔角手在節目中閱讀《鏡的法則》，當場檢驗。總之，整個節目的內容很符合深夜播放的風格。

結果，美洲豹橫田小姐真的是邊看邊哭，而連同當天參加該場錄影的藝人及觀眾也異口同聲地說：「這真是一本非常棒的書，連我都哭了。」因此，我想「這書似乎有點意思，」所以就買來看。對我來說，整個理由就是跟隨流行而已。而最棒的一點是，聽說這本書只要30分鐘就能看完了。

看著看著，連我也真的流下了眼淚。

「所有發生在自己身邊的事，原因都出在自己」。就是這一點令人心有戚戚焉而流下眼淚。最後，我決定將這本書當成禮物，送給許多人。

不過，我的禮物不只有那本書而已。

我打算將我的心情和「我讀完這本書後所產生的感想」這種屬於個人的感性一起送給那些人。

在送書的過程中，還有一段這樣的故事。

有一天，我和某位已過耳順之年的客戶一起在飯店休息室喝茶。

那位客戶正為了某件事而煩惱。

事實上，縱使似乎是天生一帆風順的人，也還是有自己的煩惱。

其實那位先生已經和夫人分居約20年了，直到最近，才又開始一起住。由於長期分開生活，使得他們的生活步調完全不協調，價值觀也經常出現差異。縱使如此，在聽對方談話時，還是可以感覺到他們彼此都很努力地要重新接受對方。

只是似乎有什麼地方像鈕扣扣錯位置或者哪裡卡住了，讓一切感覺非常不順利。

在談話的過程中，那位先生說了這樣的話。

「有一件事我一直搞不懂，她（用她來指自己的太太，這是非常冷淡的表現）從來沒有去掃過我家的墓。」

這時我心想，或許這兩位心結的「源頭」就是「掃墓」吧。

於是，我問了一個問題。

「那你曾經去掃過夫人家的墓嗎？」

那位先生有點結巴地說：

「沒有，因為她（還是表現得這麼冷淡）也都沒去啊。」

我說：

「我在公司曾經聽過這麼一句話：『改變對方是不可能的，如果要改變的話，就只有先改變自己』。」

「沒錯……被你說中要害了。」

大概是客戶自己也注意到這一點了吧。

最後，我在答應他要送他一本「書」後，就回家了。

後來，我在網路書店訂了書寄給他，幾天後，他便寄來一封這樣的電子郵件。

「川田修先生：

感謝你特地寄來這本《鏡的法則》。我流下了懺悔的眼淚。這本書的內容很平易，充滿體貼之心。謝謝你。」

看到這封郵件時，我覺得很開心，眼淚差點流下來。

這個眼淚當然不是為了我自己，而是開心那本書幫了他。

直到今天，我還是將那封信保存在我特地設的一個名為「感謝的話」的檔案裡。

和客戶之間不是以顧客對業務員的關係結束，而是成為有緣份的、人與人之間的關係時，那才是從事業務最有意思的地方之一。

書不只是拿來閱讀而已，也可以藉由送書給別人，讓對方瞭解自己這個人，或者更深入瞭解對方。

只是，這句話由我這個平常不看書的人說起來，似乎不太有說服力……。

書是要傳達自己人生觀的東西

有位客戶在簽訂契約後，又解約了。

他在和我解約後，去和別家公司簽訂了新契約。

即使如此，我還是會偶爾和他聯絡，或者去拜訪他。

但是，老實說，在我的心裡，還是存在著一道「牆」。

由於當初簽約的內容是在我站在客戶立場認真思考過後才設計出的，正因為非常有自信，所以受到的打擊也相對比較大，於是那份震撼一直留在心裡，揮之不去。

但是，有一天，發生了這樣的事。

當我去拜訪他時，我和那位企業主聊到了狗，這時候，我偶然知道他養的狗和我家的是同一種品種。由於聊狗聊得很開心，那位先生就推薦我看某本書。那本書叫《跑吧！瑪吉》（角川書店），作者是馳星周先生，書中描述一隻愛犬因癌症而逝的故事。

我以前養的狗也是因為癌症而死的。

在狗死掉時，我家還上演了一齣和那隻狗有關的故事。而那個故事也讓我們深刻體會到狗這種動物，真的是會為了全家人奉獻一切，直到他們生命最後的那一瞬間為止。

由於本身也有這樣的回憶，因此，我將那位先生推薦的書一口氣看完，並在感動尚未褪去之前，寫下了感想。一個一年只看3本書的人才花了3天就看完這本書，而且還立刻寫下感想，以信的方式寄給那位企業主。

內容大概就是關於我們家的狗「卡祖」留下了多麼多的回憶給我們家人。

我在此放上該封信全文。

愛狗人士或有興趣的人可以看一下，沒有興趣的人可以跳過不讀。這對閱讀本書不會有任何影響。

〇〇先生

謝謝您平日的照顧。

這次非常感謝您介紹一本這麼棒的書給我。

我已經看完了《跑吧！瑪吉》這本書。

以一句話來形容的話，我被深深撼動了。

瑪吉開心的模樣、痛苦的樣子、難為情的樣子、用眼神與聲音向飼主傾訴愛情直到生命的盡頭等，那些小狗率真的感情表現與感情深度都令人動容。

直到最後一刻，瑪吉都陪伴著飼主。在最後，飼主為牠準備選擇安樂死的體貼，以及因為決定瑪吉的安樂死而感到痛苦。最後，狗兒在飼主尚未做出痛苦的選擇前，就死去了，這又是讓飼主感到痛苦的另一種形式。

這封信似乎寫的有點長了，但我還是想在這裡回答您上次提出的關於「為什麼你會養傑克羅素梗犬呢」的問題。

這屬於個人私事。其實我家本來還有一隻叫做「卡祖」的喜樂蒂牧羊犬。對於我們夫妻來說，在我們同居時代的「卡祖」才是我們最初的家人。以前內人從未養過狗，她說：「我夢想將來能養一隻喜樂蒂。」在我們當時住的板橋附近，有一家寵物店叫做「Bow Wow」，有一次，店裡的人對內人說：「養狗沒有任何缺點。唯獨要事先做好一個心理準備，那就是必須接受牠會先主人而死去的事實。」就這樣，在面對死亡這件事毫無概念的狀況下，只是因為覺得狗很可愛，內人就把狗帶了回家。

大約2年後，小女出生了，接著，兒子也出生了。

家裡的狗擁有喜樂蒂天生的性格，對外人毫無興趣，警戒心也很強，但如果是家人，則是一秒也不願分離。不論我多晚回家，牠一定會在玄關等我，而在我進門時，牠就會非常開心的撲過來，那股純真的感情總是能令我一天的疲勞不翼而飛。

直到最後的一刻，卡祖都還送給我們禮物。

本來是因為狗兒的腳受傷去接受治療，卻意外發現牠患有甲狀腺癌，於是全家人一起開會，最後大家流著眼淚決定，縱使多少會留下後遺症，還是要動手術（其實不是真的全家人，因為卡祖沒有表達意見……）。後來，我們將卡祖送去住院，好進行術前檢查，這時候，牠卻逐漸失去了活力。後來，我們才瞭解，牠會這樣並不是生病的關係，而是牠想要留在家人的身邊。

手術當天，日本獸醫醫大打電話來表示：「到昨天的檢查為止，都沒有任何問題，但在當天檢查時，卻出現白血球過少的問題，所以無法動手術」。

內人哭著打電話給我，這時，我立刻做了一個決定。「不要動手術了，我們馬上去接牠。」其實內人和我的心裡一直都是這麼想的。「卡祖不是也不想動手術嗎？不論在什麼狀況下，都能和家人在一起，這才是最重要的吧？」沒錯。正因為如此，牠才會用自己的身體送出「我一刻也不想離開大家！」的訊息。

回到家後，牠的精神就逐漸恢復了，不僅可以去散步，也能進食，而且也會和往常一樣等我回家。當我一回到家時，牠就會立刻撲上來，狀況好到甚至會讓人誤以為「咦？難道病已經好了嗎？」。

在那段期間，我們全家人一起向神明發願，小女決定每天在學校一定會舉手發言一次；小兒要參加大隊接力賽；內人決定每天一定要讚美小孩一次；我則是不喝果汁、要大聲說「我要出門了」。雖然都是一些小事，但大家約定一定要付出努力。一向害羞的小女就是從那個時候逐漸建立了自信，目前已經是學生會班級代表的候選人了。

當我們開始覺得一切都會順利地持續下去時，在某個秋季的一日，上午散步時還很正常的卡祖，突然在傍晚開始開始不動了，牙齦沒有一絲血色……是嚴重貧血。其實牠以前就有腎臟不好的問題了，但沒想到癌症不是問題，反而是腎臟在這種時機惡化……。

半夜，我抱著看起來非常痛苦的卡祖，和內人一起陪牠去做最後的散步。「謝謝你，謝謝你。」我們兩個人流著淚，一起緊緊地抱住卡祖，雖然當時我們還抱有「或許還能恢復健康」的想法，但如果真的不行了，我們「希望能盡量對牠說一些感謝的話」。

幾個小時後，卡祖就在我的枕頭旁長眠了。

一直到臨終，卡祖都沒有讓我們操心，只留下許多禮物給家裡的每一個人。

我們等孩子放學回家後，就一起將卡祖送去火葬。

當放滿花的棺材要送入火化場時，我們全家人一起大喊：「卡祖！謝謝你！」「卡祖！謝謝你！」這句話不斷從全家人嘴裡喊出。

每當電話或門鈴響時，卡祖就會在我們的心裡叫；回到家時，卡祖就會在我們的心裡出來迎接。不論家裡的大小事，我們都已經習慣有卡祖的參與了。

一天，我們到寵物店逛，小女隔著玻璃靜靜地看了一隻小狗30分鐘。我悄悄地從旁邊看她，發現她在哭，淚無聲地流下。

看到這一幕後，我決定了。有一些話，大家都不敢說出口。「其實我還想養狗，可是，這樣太對不起卡祖了吧？」「卡祖，可以嗎？你應該知道我們大家還是都很愛你吧？」在這樣的心情下，我開口說了一句話：「我們來養狗吧。」孩子們直接的反應就是「可以嗎？」。於是，我說：「我想卡祖也不希望看到大家都這麼沮喪，牠一定也很希望可以早日看到大家的笑容哦。」

隔週的週末，我們一早就外出尋找我們的新家人。孩子們喜歡可以和飼主一起活力十足地奔跑的狗；我的條件則是體型要適中，這樣就算久抱也不會手酸。說到這一點，記得幾年前我曾經在大年初一帶卡祖去寺廟參拜，那天我們排隊排了將近1個小時，由於一直抱著牠，所以在後來的2天裡，我的手都舉不起來。像傑克羅素梗犬就很可愛，體型也比較適當。

「話雖如此，大概還是很難找到大家都滿意的狗吧。」我心想。

我們開車朝某家大型寵物店出發，途中，來到環狀7號線的碑文谷一帶時，意外發現原來在住家附近就有一家過去從未注意到的、不算小的寵物店。「奇怪？這個地方本來就有寵物店嗎？」於是我們決定先到那家店去看看。

「奇怪？這個店員（其實是店長）好像在哪裡看過耶。」「奇怪？奇怪？奇怪？」真是太令人難以置信了。原來站在店裡的人和我們當初買卡祖的位於板橋「Bow Wow」寵物店的店長、長得一模一樣！不對，根本就是那個店長嘛！事實真的是比小說還要離奇。其實他們兩位是「雙胞胎」，分別在板橋和碑文谷經營店名完全不同的寵物店。

這是我們第一次對別人提起卡祖的死，而在說完後，感覺心裡輕鬆多了。店長看起來也很難過，他問：「那你們以後都不養狗了嗎？」

「你覺得傑克羅素梗犬怎麼樣？」我問。「啊！你想養傑克羅素梗犬啊！兩個禮拜前板橋的『Bow Wow』才剛有傑克羅素梗犬產下小狗哦。你們要不要去看看？」就這樣，1個小時後，我們已經站在10年前和卡祖邂逅的那家寵物店了。離上次來時，已經過了7、8

年了。

當年和內人提過「狗會先主人而逝」的店員也還在。長得和碑文谷的店長一模一樣的店長自己也曾經養過喜樂蒂，而且他也還記得卡祖的名字。那位店長抱著2隻傑克羅素梗的幼犬來到我們面前。

其中一隻比較大的幼犬慵懶地動了一下，這一刻，大家都喜歡上牠了，而我當然也當場做了決定。因為這可是卡祖在引導我們，牠要我們「早日盡情歡笑哦」。不過，如果要挑惕的話，還是在「體型稍微大一點」這個問題上。

當天我們回到家後，就立刻向卡祖上香報告。報告時，大家還是都哭了，但是，和過去的哭是不一樣的感覺。

取名字時，基於牠今後一定會帶給我們許多值得感謝的禮物，所以就取名為「Thanks」。

我請內人幫我縫製一個護身符，在裡面放進卡祖的小骨頭，然後和汽車鑰匙放在一起，隨身攜帶。

卡祖、Thanks、以及1年後來到我們家的「小谷」。這3隻狗不論是在過去、還是將來，都是我們最珍貴的家人。如果要說有什麼遺憾的話，就只有Thanks的體型有點太大了，不適合久抱……。

牠們最終還是會比我們早逝吧，到時候我們會怎麼樣呢，這我無法想像。而屆時孩子們的感覺，應該也會和卡祖那時候不一樣吧。但是，我想我們還是不會逃避，而會直接面對，並對牠們說：「謝謝」。

絮絮叨叨地寫了一長篇，連我自己都不曉得在說些什麼了。這點請您原諒。

本來應該要用信紙親手寫的，但因為顧及可能會寫得很長，而且是邊想邊寫，所以就採用這種方式，請見諒。

一不小心就寫了這麼長，這都是因為您推薦的那本好書給了我如此多的感動，更勾起了我許多的回憶。總之，真的是很謝謝您。

〇〇〇〇年　〇月〇日

川田　修　敬上

幾天後，那位先生打了通電話給我。

「看完信後，我非常清楚你們一家人對狗的感情和你對書中小狗的想法了。」他的語氣聽起來非常感動。

結果，因為那封信的關係，一口氣縮短了我們之間的距離。

看到這裡，或許有人會誤認為我是為了拿到契約，才故意寫出這種感人的信。

老實說，我並非百分之百沒有那種想法。但是，和那件事比起來，我更希望能夠藉由閱讀同一本書來瞭解對方，同時也希望能透過書信，讓對方瞭解我這個人。

信中關於我家愛犬發生的事、以及我們全家人的感覺等，這些全部都是真的。我自己在寫那封信時，也不禁淚濕眼眶，而在好不容易寫完後，又和內人一起聊起愛犬的往事，並且跟愛犬上了一柱香。

在這次的事件中，或許最重要的一件事就是在夫妻之間留下那樣的一幕吧。

後來，我並沒有和那位客戶簽訂新的保險契約。

其實那樣也好，因為光是能獲得那樣的經驗、以及打掉我自己在心中築起的那一道「牆」，這樣就很值得感謝了。

業務有趣的地方就在於共同擁有那種人與人之間的價值觀，以及價值觀導致感情產生的變化。

而那些東西大多存在於和工作有點距離的地方。

唯一的差別就只在於最後有簽訂契約與沒有簽訂契約而已。

教學參觀不是為了孩子，而是為了自己

業務需要和客戶喝酒、應酬，否則就無法談成工作，業績也不會變好。因此，我覺得自己不適合擔任業務的工作——現在大概還有很多人有這樣的迷思吧。實際上，確實有人將好酒量當成業務工作的武器。

但是，不需要因為自己不擅長喝酒，就有自卑感。

因為我就不曾靠陪客戶喝酒及應酬來取得契約。

因此，就如開頭所言，不要抱持那種先入為主的觀念，來判斷自己不適合業務的工作。而且，我也不希望各位用這種眼光來看待業務這項工作。既然川田做得到，我也可以不靠喝酒應酬來工作。只要抱持這樣的想法就好了。

我承認確實是有許多業務員透過喝酒應酬來製造簽訂契約的契機、收集情報，或者認識許多新客戶。

但是，靠那種方式建立的人際關係及工作，終究還是僅止於應酬的表面程度而已。如果是真正的業務員，縱使會陪客戶喝酒應酬，縱使從隔天起又將那一切化為零，還是可以維持和客戶之間的信任關係。

當然，我並非完全不陪客戶喝酒、用餐。

如果是知心的客戶，我也會很開心地陪他們一起喝酒、吃飯。但是，我徹底認為，**沒有必要為了契約而做出不必要的喝酒、應酬等行為。**

除了不陪客戶喝酒應酬，我一個禮拜有5天會和家人一起吃晚餐。

因為我不認同「媽媽負責教養，爸爸負責工作賺錢」的觀念，我認為「教養是全家人的事，工作必須有家人的支持才能成功」。

而我之所以會有這樣的想法，是因為我接觸到了孩子的小學入學測驗。

我以前是反對從小學就參加入學考試的。但是，在有一次和某位非常照顧我的客戶談過後，我就請他幫我介紹了一位非常優秀的個人補習班老師。自從在那裡上課後，就不斷有新奇的發現與驚奇。回顧那段歲月，我覺得那對我自己而言，也是一段非常好的經驗。

那樣對孩子來說是好或不好，要由孩子自己來決定。但對我來說，孩子的小學入學考試改變了我對家庭及孩子的價值觀，換句話說，那改變了我的人生觀，是一段非常令人感激的經驗。

現在，我都會盡量參加孩子的教學參觀以及和導師面談等活動。或許是現在還很少會有父親這麼做吧，所以，每當我和內人一起去和老師面談時，導師總會問些「請問今天有什麼想要特別商量的事情嗎？」之類的問題。

其實我並非一個注重學科教育的爸爸。

老實說，我並不是特別在意孩子的成績，我只是很喜歡學校這個場所而已。在那裡看到老師們為了孩子努力工作的純粹熱情，真的是讓人感到很舒服。在那裡，也可以接觸到和商業世界完全不同的價值觀與著眼點。總之，**對我來說，學校是一個很珍貴的場所。**

舉例來說，我就曾經從小兒學校的導師身上學習到一件事。

小兒在小學6年間，從未重新編班，也沒有換過導師。或許有人聽到這樣的狀況，會覺得很奇怪，但正因為有長期一起相處過，才會有這麼美好的事。

那位導師在親師會上這麼說。

「前幾天我們舉辦了學藝發表會，班上同學將那天的事寫在日記上（每天的作業一定有寫日記這一項）。大部分同學都是寫『練習的成果都有出來，真是太好了』或『我覺得正式表演比每一次的練習還要成功』，大家似乎都有感受到努力的成果，我覺得這樣很好。

不過，有一位小朋友寫了比較不一樣的內容。」說完，老師就把那位小朋友的日記唸出來給大家聽：

「最後幕拉起來時，全場響起熱烈的掌聲。我們這陣子如此努力地練習，總算有回報了。但是，我覺得有一件事很可惜。那就是，幫忙我們的老師和負責燈光的學長姐不能和我們一起站在舞台上接受掌聲。如果沒有大家的協助，就不會有這麼成功的發表會，所以真的是很可惜。」

導師讀完後，眼眶含著淚水說：

「在我的班上，有這麼體貼的孩子，我真的覺得很開心。」

那孩子的日記內容雖然令人感到欽佩，但老師含著淚水朗讀日記的模樣更令人不禁胸口一熱。

可以透過工作流下開心的眼淚，那是多麼美好的一件事啊。而那也證明了老師對工作是多麼地負責、認真啊。

那麼，那位老師真是那麼認真地工作嗎？

我從自己的工作角度來想這一點。

最重要的東西是什麼？

前面提到，我從小兒學校的導師身上學習到的事。此外，我從小女學校的老師身上，也學到了很重要的一件事。

那是發生在小女就讀小學低年級時的事。

當天我去參觀的課程是繪本閱讀，老師將《最重要的東西》這本繪本發給全班同學，並由老師帶領一起閱讀。

老師所使用的那本書看起來應該已經使用很多年了。

「我最重要的東西，那就是『生日時收到的禮物、布偶』。」

「我最重要的東西，那就是『一直陪在我身邊的朋友』。」

「我最重要的東西，那就是『我最愛的人、爸爸和媽媽』。」

書裡的編排大概就是這種感覺，將好幾個「我最重要的東西」列出。

而在最後，當大家唸完：

「但是，其實我最重要的東西，那就是……。」

此時，老師就接著這麼說。

「咦？你們的書都只寫到這裡嗎？老師的書裡有把『其實我最重要的東西』寫出來耶！」

老師笑著繼續說：

「那麼，請大家一個一個到前面來看吧。」

於是，老師將學生一一叫到教室前面，並打開最後一頁給他們看。

每個學生看完後，都笑嘻嘻地回到座位上。

正當我覺得不可思議，很想知道「那到底會是什麼呢？」時，老師剛好說：

「各位同學，你們知道『其實我最重要的東西』是什麼了嗎？」

而學生們也都大聲地回答「知道了！」

「那我問你們，你們的「其實我最重要的東西」是什麼呢？」

這時候，學生們就齊聲回答：

「自～己！」

原來在老師那本書的最後一頁，竟然貼了一面鏡子。

而在鏡子旁邊，還寫著「自己」兩個字。

難怪當學生們看到老師的書後，都笑嘻嘻的。

這讓我很感動。沒錯。如果不重視自己，根本就不可能對別人好。而最令人難過的是，這世界上甚至還有人會傷害自己。

要重視自己。我再次體會到這才是一切事物的根源。這麼理所當然的、「最重要的東西」，我竟然壓根兒全忘掉了。

我有時候也會將這些學校老師的故事，以及透過孩子所得到的體驗等，跟客戶分享。

這些體驗有時候會成為我和客戶的夫人，或有孫子的企業主之間的共通話題，而家庭時光或參加學校活動的事等，也經常在工作上發揮功用。

而最重要的一點是，**這也是一個可以讓自己的價值觀及人生觀成長的寶貴機會。**

在學校或和孩子一起度過的時間、以及因此獲得的經驗不僅對業務員有幫助，也可以讓一個人成長，因此，這對我來說，就是「我真正重要的東西」。

業務是一種終生的「經驗職」

這本書讀到現在，我想各位應該都有注意到了吧。

業務這項工作是一種「完全站在對方的立場思考的」工作。

另外，也是一種**以人為對象、只有人類才能執行的工作**。

這種工作只要有人存在，且有服務關係發生，就可以運用在任何事物上。

實際上，到目前為止，曾邀請我去辦讀書會的單位有「大建商」、「汽車代理商」、「廣告代理商」、「銀行」等，其他甚至還有「會計師事務所」、「醫院」、「扶輪社」、「工商會」等，領域非常廣泛。

只要是屬於會發生人與人之間的關係的工作，「業務」這項工作的職業技巧都可以拿來運用。

就這層意義來說，業務乃是一種極致的「經驗職」。

不是專業職，完全就是一種「經驗職」。正因為如此，才可以運用在任何事物上。

只要資本主義社會持續存在，買賣物品及服務等的行為就不會消失。

換句話說，可以販賣任何東西的業務，就是一種極致的「經驗職」。

業務工作的真正魅力

我認為沒有一種職業像業務如此具有創造性、自由。

從每一次認識新客戶到逐漸縮短彼此的距離，以及從中而生的感動等，只要發揮一點創意，就可以自己編織一段「故事」。在那個過程中，有時候會扮演演員的角色、有時候又帶有點劇作家的要素。

箇中滋味或許只有實際體驗過的人才能理解吧。

而其最大的魅力或許是在於可以認識許多人、從他們身上學習到新事物、並**在人格上獲得成長。**

一個人只能擁有一種人生，但卻可以透過工作，從新認識的人身上學習到各種完全不同的事物。

和別人接觸是很快樂的，而且也可以讓我們擁有一個明確的目標。透過工作，我們可以磨練自己。所謂的業務，就是一種這麼深奧的工作。

我誠懇盼望能讓更多人瞭解業務真正的醍醐味。而這也是我這次想動筆寫這本書的動機之一。

看完這本書後，相信各位一定多少能夠瞭解業務是一種什麼樣的工作，而其真正的魅力又在哪裡了吧？

期盼這本書可以在大家今後的業務工作上發揮一點作用。

不過，還是請大家不要忘記一件事，**最重要的事並不在書中，而是在客戶與業務員之間。**

後記

如書中所述，截至目前為止，我在工作上一直獲得各方人士的幫助。有一次，我對一位非常照顧我的客戶說：「一直受您照顧，我卻無以為報。」那位先生現在已經超過70歲，是位醫生，人面非常廣，人品也很好。他在聽完我的話後，便回答我：「你不需要報答我，如果你有這種想法，就把你所學到的東西傳給下一代吧。」

數年後，出版社來找我說：「川田先生，你想不想把你的工作方法及相關想法更廣泛地運用在這個社會呢？」

而我就是抱持著希望能達到這個目標的想法，才決定寫這本書的。後來，在多方人士如奇蹟般的支持下，書終於能夠順利出版了。

如果沒有先向我提出寫書建議的木暮先生、以及鑽石出版的編輯和田先生，這本書就無法誕生。另外，在我寫稿的過程中，秘書宮本先生一直提供我許多意見，還有負責校稿的後輩們、分社長武田先生、幹部一谷先生、濱田先生、蒼下先生、以及本公司公關室的同事們，如果不是大家的幫忙，這本書是無法出版的。

而最重要的一點是，透過寫這本書，讓我再度體認到除了書中提到的人之外，還有新認識的許多優秀客戶等，都是造就今天的我的重要因素。

因此，我想在此再度鄭重向我身邊所有的人道謝。

感謝大家。

接下來是我的家人。

我認為人生的一大課題就是「建立下一代的社會」，而其中最具代表性的一件事就是教養。不過，雖然我是一直抱持著要負責教養長女菜々子、長男崇太郎的想法，但卻宛如是這2個孩子在教養父母一樣，讓我成長不少。

還有內人真理子，她總是一臉笑容對我，是個穩重、胸襟開闊、值得尊敬的人。我除了很感謝我的家人外，我也以他們為傲。

希望今後能夠繼續在這麼多人的支持下成長，而如果我的所學能對大家多少提供一些助益的話，我也希望能夠繼續傳授給大家。

誠摯希望各位在看完本書後，能夠有所收穫或獲得啟發。

最後要感謝各位看完這本書。

筆者在 2008 年 11 月曾和小兒一起參加 NGO 團體舉辦的「日本最小的NGO——番石榴小學啦啦隊」活動。這項活動的目的是為了支援高棉小學。實際參與活動後，親子們都學習到很多事物。我準備將本書的版稅收入全數捐給這個團體，希望能讓他們運用在相關活動上。

不過，很可惜他們沒有網站，如果大家有興趣，可以用「Trobekele 小學　高棉」進行網頁搜尋，或寄電子郵件給日本代表中村先生（trobekele mentaryschool@ybb.ne.jb），請他寄活動報告等給你。

國家圖書館出版品預行編目資料

一流超業的暖心成交, 養客慢賺才會大賺
/川田修作 ;陳玉華譯. -- 初版. --
新北市：世茂, 2019.1
面； 公分. --（銷售顧問金典 ； 102）

ISBN 978-957-8799-61-5（平裝）

1. 銷售 2. 銷售員 3. 職場成功法

496.5 107020440

銷售顧問金典 102

一流超業的暖心成交，養客慢賺才會大賺

作　　者／川田修
譯　　者／陳玉華
主　　編／簡玉芬
責任編輯／陳文君
封面設計／鄧宜琨
出 版 者／世茂出版有限公司
地　　址／（231）新北市新店區民生路 19 號 5 樓
電　　話／（02）2218-3277
傳　　真／（02）2218-3239（訂書專線）、（02）2218-7539
劃撥帳號／ 19911841
戶　　名／世茂出版有限公司　單次郵購總金額未滿 500 元（含），請加 50 元掛號費
世茂網站／ www.coolbooks.com.tw
排版製版／辰皓國際出版製作有限公司
印　　刷／祥新印刷股份有限公司
初版一刷／ 2019 年 1 月

I S B N ／ 978-957-8799-61-5
定　　價／ 260 元